U0236817

水利水电工程施工实用手册

机电设备安装

《水利水电工程施工实用手册》编委会　编

中国环境出版社

图书在版编目(CIP)数据

机电设备安装 /《水利水电工程施工实用手册》编委会编. —北京:中国环境出版社,2017.12
(水利水电工程施工实用手册)
ISBN 978-7-5111-1588-1

Ⅰ.①机… Ⅱ.①水… Ⅲ.①水利水电工程—机电设备—设备安装—技术手册 Ⅳ.①TV734-62

中国版本图书馆 CIP 数据核字(2017)第 034315 号

出 版 人　武德凯
责任编辑　罗永席
责任校对　尹　芳
装帧设计　宋　瑞

出版发行　**中国环境出版社**
　　　　　(100062 北京市东城区广渠门内大街 16 号)
　　　　　网　　址:http://www.cesp.com.cn
　　　　　电子邮箱:bjgl@cesp.com.cn
　　　　　联系电话:010-67112765(编辑管理部)
　　　　　　　　　　010-67112739(建筑分社)
　　　　　发行热线:010-67125803,010-67113405(传真)
　　　　　印装质量热线:010-67113404
印　　刷　北京盛通印刷股份有限公司
经　　销　各地新华书店
版　　次　2017 年 12 月第 1 版
印　　次　2017 年 12 月第 1 次印刷
开　　本　787×1092　1/32
印　　张　10.125
字　　数　269 千字
定　　价　30.00 元

《机电设备安装》

主　　编：陈忠伟　胡昌春

副 主 编：周　璟　唐鹏程

参编人员：周若愚　吴　萧　刘占年　董燕凯

　　　　　苏保安　王大勇　吴　侃

主　　审：马军领　鲍舒眉

前　言

　　水利水电工程施工虽然与一般的工民建、市政工程及其他土木工程施工有许多共同之处，但由于其施工条件较为复杂，工程规模较为庞大，施工技术要求高，因此又具有明显的复杂性、多样性、实践性、风险性和不连续性的特点。如何科学、规范地进行水利水电工程施工是一个不断实践和探索的过程。近20年来，我国水利水电建设事业有了突飞猛进的发展，一大批水利水电工程相继建成，取得了举世瞩目的成就，同时水利水电施工技术水平也得到极大的提高，很多方面已达到世界领先水平。对这些成熟的施工经验、技术成果进行总结，进而推广应用，是一项对企业、行业和全社会都有现实意义的任务。

　　为了满足水利水电工程施工一线工程技术人员和操作工人的业务需求，着眼提高其业务技术水平和操作技能，在中国水利工程协会指导下，湖北水总水利水电建设股份有限公司联合湖北水利水电职业技术学院、中国水电基础局有限公司、中国水电第三工程局有限公司制造安装分局、郑州水工机械有限公司、湖北正平水利水电工程质量检测公司、山东水总集团有限公司等十多家施工单位、大专院校和科研院所，共同组成《水利水电工程施工实用手册》丛书编委会，组织编写了《水利水电工程施工实用手册》丛书。本套丛书共计16册，参与编写的施工技术人员及专家达150余人，从2015年5月开始，历时两年多时间完成。

　　本套丛书以现场需要为目的，只讲做法和结论，突出"实用"二字，围绕"工程"做文章，让一线人员拿来就能学，学了就会用。为达到学以致用的目的，本丛书突出了两大特点：一是通俗易懂、注重实用，手册编写是有意把一些繁琐的原理分析去掉，直接将最实用的内容呈现在读者面前；二是专业独立、相互呼应，全套丛书共计16册，各册内容既相互关联，又相对独立，实际工作中可以根据工程和专业需要，选择一本或几本进行参考使用，为一线工程技术人员使用本手册提供最大的便利。

《水利水电工程施工实用手册》丛书涵盖以下内容：

1)工程识图与施工测量；2)建筑材料与检测；3)地基与基础处理工程施工；4)灌浆工程施工；5)混凝土防渗墙工程施工；6)土石方开挖工程施工；7)砌体工程施工；8)土石坝工程施工；9)混凝土面板堆石坝工程施工；10)堤防工程施工；11)疏浚与吹填工程施工；12)钢筋工程施工；13)模板工程施工；14)混凝土工程施工；15)金属结构制造与安装（上、下册）；16)机电设备安装。

在这套丛书编写和审稿过程中，我们遵循以下原则和要求对技术内容进行编写和审核：

1)各册的技术内容，要求符合现行国家或行业标准与技术规范。对于国内外先进施工技术，一般要经过国内工程实践证明实用可行，方可纳入。

2)以专业分类为纲，施工工序为目，各册、章、节格式基本保持一致，尽量做到简明化、数据化、表格化和图示化。对于技术内容，求对不求全，求准不求多，求实用不求系统，突出丛书的实用性。

3)为保持各册内容相对独立、完整，各册之间允许有部分内容重叠，但本册内应避免出现重复。

4)尽量反映近年来国内外水利水电施工领域的新技术、新工艺、新材料、新设备和科技创新成果，以便工程技术人员参考应用。

参加本套丛书编写的多为施工单位的一线工程技术人员，还有设计、科研单位和部分大专院校的专家、教授，参与审核的多为水利水电行业内有丰富施工经验的知名人士，全体参编人员和审核专家都付出了辛勤的劳动和智慧，在此一并表示感谢！在丛书的编写过程中，武汉大学水利水电学院的申明亮、朱传云教授，三峡大学水利与环境学院周宜红、赵春菊、孟永东教授，长江勘测规划设计研究院陈勇伦、李锋教授级高级工程师，黄河勘测规划设计有限公司孙胜利、李志明教授级高级工程师等，都对本书的编写提出了宝贵的意见,我们深表谢意!

中国水利工程协会组织并主持了本套丛书的审定工作,有关领导给予了大力支持,特邀专家们也都提出了修改意见和指导性建议,在此表示衷心感谢!

由于水利水电施工技术和工艺正在不断地进步和提高,而编写人员所收集、掌握的资料和专业技术水平毕竟有限,书中难免有很多不妥之处乃至错误,恳请广大的读者、专家和工程技术人员不吝指正,以便再版时增补订正。

让我们不忘初心,继续前行,携手共创水利水电工程建设事业美好明天!

《水利水电工程施工实用手册》编委会

2017 年 10 月 12 日

目 录

第一章

水轮机及其辅助设备安装

第一节 概 述

一、水轮机分类及结构

水轮机是水电厂将水能转换为机械能的重要设备。

1. 分类

水轮机按水流作用原理和结构特征，分为反击式和冲击式两大类。反击型利用水流的压能和动能，冲击型利用水流动能。反击式又分为混流、轴流、斜流和贯流四种；冲击式又分为水斗、斜击和双击式三种。

2. 结构

水轮机按机型分述如下：

（1）混流式。水流从四周沿径向进入转轮，近似轴向流出，应用水头范围：30～700m。特点：结构简单、运行稳定且效率高。

（2）轴流式。水流在导叶与转轮之间由径向运动转变为轴向流动，应用水头：3～80m。特点：适用于中低水头，大流量水电站。可分为轴流定桨、轴流转桨式。

（3）冲击式。转轮始终处于大气中，来自压力钢管的高压水流在进入水轮机之前已经转变为高速射流，冲击转轮叶片作功。水头范围：300～1700m。适用于高水头、小流量机组。

二、水轮机型号、代号

1. 反击式水轮机型号表示方法（见图1-1）

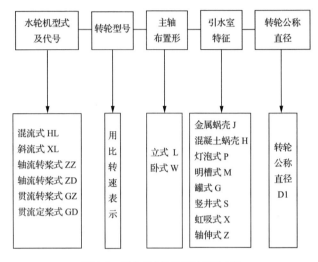

图 1-1　反击式水轮机型号表示方法

2. 冲击式水轮机型号表示方法(见图 1-2)

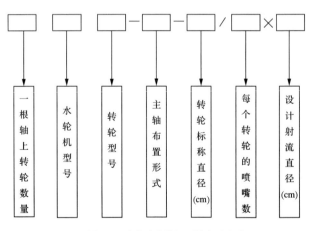

图 1-2　冲击式水轮机型号表示方法

第二节　水轮机安装流程

（1）混流式水轮机典型结构及安装程序见图 1-3、图 1-4。

（2）轴流式水轮机典型结构及安装程序见图 1-5、图 1-6。

（3）斜流式水轮机典型结构及安装程序见图 1-7、图 1-8。

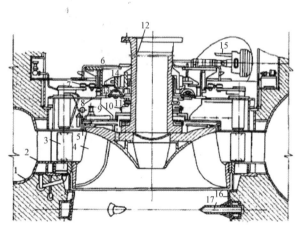

图 1-3　混流式水轮机结构

1—蜗壳；2—座环；3—导叶；4—转轮；5—止漏环；6—导叶端面密封；

7—导叶传动机构；8—顶盖；9—吸力式真空破坏阀；10—检修密封；

11—轴承密封；12—主轴；13—水导轴承冷却器；14—导轴承；

15—接力器；16—尾水管里衬；17—补气钢管

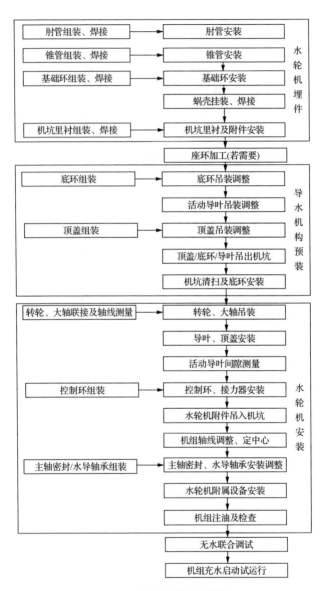

图 1-4 混流式水轮机安装程序

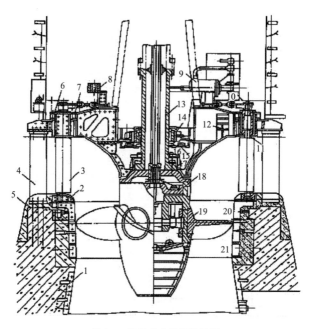

图 1-5　轴流式水轮机结构图

1—尾水锥管；2—底环；3—导叶；4—座环；5—蜗壳；6—顶盖；7—支持盖；

8—控制环；9—接力器；10—导叶传动机构；11—套筒密封；

12—真空破坏阀；13—主轴；14—导轴承；15—冷却器；16—主轴密封；

17—检修密封；18—转轮接力器；19—转轮；20—基础环；21—转轮室

（4）灯泡贯流式水轮机典型结构及安装程序见图 1-9、图 1-10。

（5）冲击式水轮机典型结构及安装程序见图 1-11、图 1-12。

（6）水泵水轮机式水轮机典型结构及安装程序见图 1-13、图 1-14。

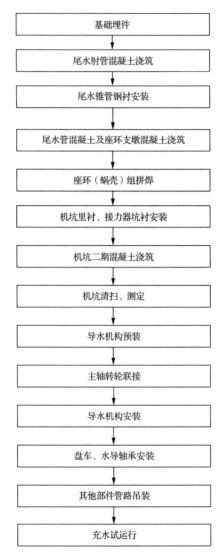

图 1-6 轴流式水轮机安装程序

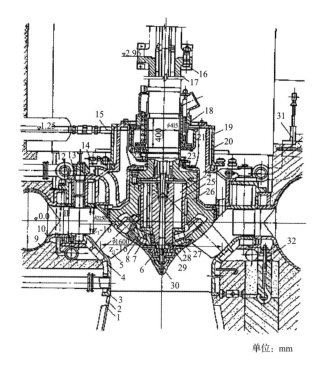

单位：mm

图 1-7　斜流式水轮机结构图

1—尾水管里衬；2—衬板；3—连接带；4—转轮室；5—叶片；6—凸轮换向机构；
7—滑块槽；8—转臂；9—蜗壳；10—座环；11—导叶；12—套筒；13—拐臂；
14—连杆；15—推拉杆；16—联轴螺栓；17—主轴；18—筒式轴承；19—控制环；
20—支持盖；21—转动油盆；22—弹簧式端面自调整水封；23—平板橡皮抢
修水封；24—副板接力器；25—转轴；26—转体；27—下端盖；28—操作盘；
29—泄水锥；30—排油阀；31—真空破坏阀；32—基础螺栓

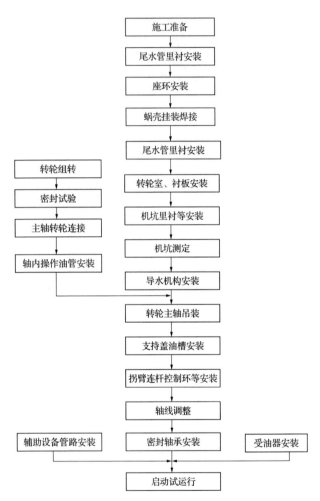

图 1-8　斜流式水轮机安装程序

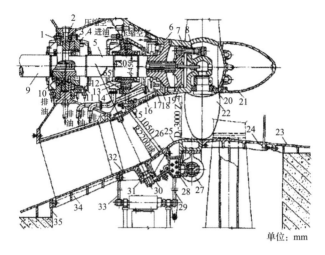

单位：mm

图 1-9   灯泡贯流式水轮机结构图

1—反向推力盘；2—推力盘；3—推力轴瓦；4—轴承座；5—水轮机主轴；6—梳齿密封；7—导管；8—连杆；9—发电机大轴；10—联轴螺栓；11—调节螺栓；12—ϕ450 轴瓦；13—球面支承；14—球面座；15—内导环；16—密封座；17—弹簧式自调整端面水封；18—空气围带；19—活塞；20—转轮体；21—泄水锥；22—叶片；23—尾水管里衬；24—转轮室；25—导流环；26—锥形导叶；27—环形接力器；28—控制环；29—控制环推拉杆；30—拐臂；31—套筒；32—外导环；33—调速轴推拉杆；34—座环；35—基础环

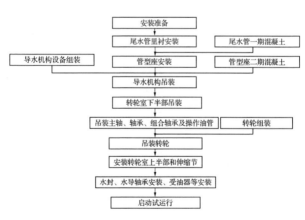

图 1-10   灯泡贯流式水轮机安装程序

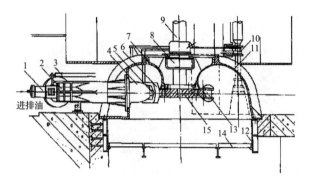

图 1-11　冲击式水轮机结构图

1—左喷管接力器;2—喷管;3—回复杆;4—喷嘴头;5—喷针头;6—偏流器;
7—机壳盖;8—转动油盆式轴承;9—主轴;10—控制机构;11—机壳;
12—尾水坑里衬;13—水斗;14—稳流栅;15—转轮

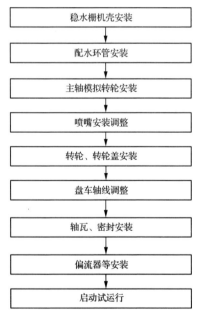

图 1-12　冲击式水轮机安装程序

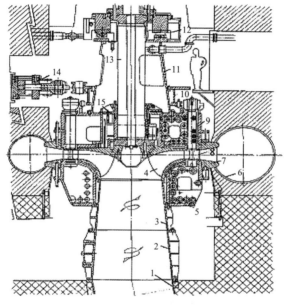

图 1-13　水泵水轮机式水轮机结构图

1—尾水肘管；2—下尾水锥管；3—上尾水锥管；4—转轮；5—底环；6—蜗壳；
7—座环；8—导水叶；9—顶盖；10—控制环；11—推力轴承支座；
12—推力轴承；13—水轮机轴；14—接力器；15—水导轴承

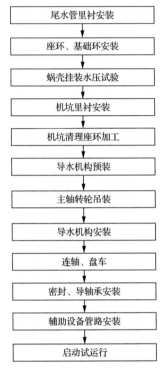

图 1-14　水泵水轮机式水轮机安装程序

第三节　水 轮 机 安 装

一、水轮机埋入部件安装

（一）典型混流式水轮机埋入部件安装

水轮机基础埋件组装焊接及安装完成后，均进行尺寸检查，并对安装全过程进行控制；在埋件安装过程中，保护灌浆孔不能被堵塞，并留有排气孔；所有测量管路均采用钢板封堵保护。

埋件工作开展前，组织施工技术人员熟悉图纸及厂家技术要求,编制相应的施工措施,并进行技术交底;测量放置相应的安装中心、高程等控制点线。清理安装基础面,准备安装工器具。

以大型分瓣座环在安装间组装来介绍。

1. 尾水管安装

尾水管里衬为钢板焊接结构,具有尺寸大、板薄、高度高,易变形等特点,在肘管安装之前四周混凝土和锚筋已经浇筑形成。

安装程序:测量放安装控制点、线→肘管出口节组装、安装→依次进行后续管节吊装、调整→肘管调整、焊接、焊缝检查、加固→验收→锥管组拼、吊装→锥管调整、加固→锥管焊接及焊缝检查。

(1) 尾水肘管安装。以施工测量基准点、水准点及其书面资料为基准,放置肘管安装出口端面基准点。采用施工布置的门机对肘管进行吊装,吊装前调整底部支撑的千斤顶,将其顶面高程调整到合适位置。吊装肘管出口节,利用千斤顶、手拉葫芦等工具精确调整管节位置。控制管节出口的断面高程及中心线位置,同时复查出口断面尺寸及位置,应符合图纸要求。在各项检查项目均合格后,利用型钢对管节进行可靠加固。依次吊装肘管其他管节,按照同样方法对其进行调整、加固。安排焊工对肘管焊缝进行对称焊接,焊接完成后按照工艺要求进行探伤检查。按照图纸设计,安装焊接肘管外部的锚环、锚钩。割制灌浆孔。安装尾水盘型阀一期埋件,进行二期混凝土回填工作,混凝土回填。

(2) 尾水锥管安装。肘管混凝土回填等强后复查肘管进口端面,应符合要求。利用施工门机对锥管进行吊装,使用手拉葫芦、千斤顶对其进行调整,中心和高程调整好后,将锥管加固,进行肘管、锥管焊缝焊接工作(见图 1-15),焊接完成后按照工艺要求进行探伤。凑合节安装待座环安装完成后进行。尾水管回填时应注意二期混凝土浇筑引起里衬变形情况,若发现里衬变形应调整浇筑方位和浇筑速度,防止尾水管里衬变形。

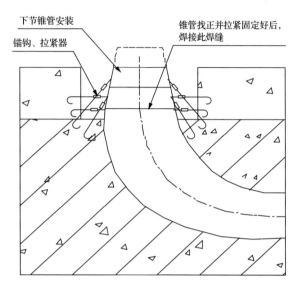

下节锥管安装

锚钩、拉紧器

锥管找正并拉紧固定好后，
焊接此焊缝

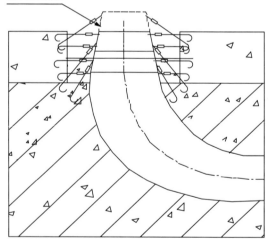

上节锥管安装

图 1-15　锥管下、上节安装示意图

（3）质量控制点和保证方法见表 1-1。

表 1-1　　　　　　　　　　质量控制点和保证方法

序号	项目	转轮直径 D/mm					说明
		$D<3000$	$3000\leqslant$ $D<6000$	$6000\leqslant$ $D<8000$	$8000\leqslant$ $D<10000$	$D\geqslant10000$	
1	肘管断面尺寸	$\pm0.0015H(B,r)$		$\pm0.001H(B,r)$			H—断面高度，B—断面长度，r—断面弧段半径
2	肘管下管口	与混凝土管口平滑过渡					
3	肘管、锥管上管口中心及方位	4	6	8	10	12	测量管口上 X,Y 标记与机组 X,Y 基准线间距离
4	肘管、锥管上管口高程	$0\sim+8$	$0\sim+12$	$0\sim+15$	$0\sim+18$	$0\sim+20$	等分 8～24 点测量
5	锥管管口直径	$\pm0.0015D$					D—管口直径设计值，等分 8～24 点测量
6	锥管相邻管口内壁周长之差	$0.0015L$		$0.001L$			L—管口周长

2. 基础环组装及焊接

（1）基础环基础板、螺栓及锚钩预埋件检查。按照图纸尺寸、方位、高程对土建预埋基础环安装基础板、螺栓及地锚等预埋件进行检查，基础板埋设高程、尺寸、方位满足设计及规范要求，锚钩露出混凝土地面高度满足设计要求。

（2）基础环清扫及组装。按照设计图纸方位进行组装。首先对第一瓣基础环设置三个钢支墩,每个钢支墩上布置楔子板一对,起吊基础环第一瓣到钢支墩上找平。吊装第2瓣基础环慢慢地与第1瓣基础环靠近并穿上螺栓把合,当两瓣基础环靠拢后,检查两瓣的轴向和径向错牙,满足要求后,将定位销打入,检查组合缝间隙符合要求;最后再按要求进行螺栓把合。依次吊装其余分瓣基础环进行组装。组装完成后对基础环整体数据进行测量并记录,进行检查验收工作,合格后转入焊接工序。

（3）基础环焊接。根据制造厂家及规范要求进行焊缝焊接,完成后对焊缝进行无损检测,并按要求将过流面焊缝表面打磨光滑,焊缝过流面余高不超过 2mm。基础环焊接后进行尺寸复核,并实测基础环高度尺寸,同时记录。

（4）基础环安装。利用厂房桥机整体吊装基础环就位于机坑已布置好的支墩上,初步调整基础环高程及其与尾水锥管同心度。

3. 座环安装及焊接

（1）座环组装。分瓣座环安装间组装同基础环组装工艺。调整座环上、下环板垂直度和水平度;测量座环各环板与基础环同心度。当所有组装尺寸符合要求并验收合格后进行焊接。

（2）座环焊接。

1）焊接监测。座环组装完成后,测量座环上下环板内径并作记录;在座环上、下环板组合缝处作出相应监测点,用于监测座环焊接变形;使用水准仪测量固定导叶中心线监测水平变化;使用内径千分尺测量上、下环板直径收缩变形(圆周分 8～16 个点);测量座环组合焊缝处的收缩变形,见图 1-16。同时监测座环上、下环板垂直度变化。

2）焊接顺序。座环焊接顺序根据厂家要求进行,原则上先焊接上、下环板的水平对接焊缝再焊接立向组合焊缝,与蜗壳连接的过渡板对接缝最后焊接。

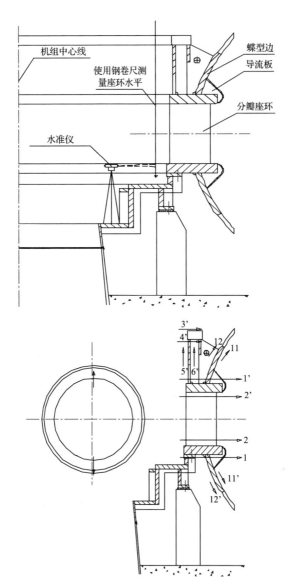

图 1-16 座环焊接监测及焊接顺序示意图

3）座环焊接工艺。焊接前用角向磨光机将坡口表面及两侧各 50mm 的铁锈、油污、水迹及其他污物等打磨清除干净，直至露出金属光泽为标准。座环焊接按制造商提供的焊接工艺进行。

4）焊接方法。采用手工电弧焊的对称、多层多道及分段退步焊接。

5）焊工资格。持有国家劳动部门或技术监督局颁发的"高强钢焊接合格证"或按美国机械工程师学会（ASME）"锅炉和压力容器规程"第 IX 章中的规定考核合格者。

6）预热。座环焊接预热采用温控仪配履带式电加热片进行，预热温度、层间保温、后热温度，以及后热升温速度和降温速度均按厂家要求进行。座环加热前应将座环外周用蓬布围起来防风，使各部温度均匀，防止局部冷却变形。

7）焊条烘烤及使用。焊条在烤箱烘烤至 350℃、保温 2h 后，将烤箱内的温度降至 150℃ 后将焊条取出装入到 100℃～150℃ 的焊条保温箱内恒温保存，随取随用。焊条使用时从恒温箱内取出后应立即装入焊条保温筒内，保温筒应接入焊接回路中，筒内温度应始终保持在 100～150℃。焊条在焊条保温筒的存放时间不超过 4h，超过 4h 后应重新进行烘烤，焊条重复烘烤不超过 2 次，第二次烘干后未使用完的焊条不可再用于座环、蜗壳的重要焊缝焊接。

8）后热。座环焊接完成后，进行后热，后热温度和时间控制严格按制造商要求执行。座环焊接完成后，进行焊缝外观质量检查，合格后再按厂家技术要求或按有关标准规定进行无损探伤检查，合格后进行第三方无损检测工作。无损探伤检测工作应在焊缝焊接完成，并冷却 72h 后进行。

座环安装焊缝内部缺陷处理过程中对焊缝（补焊前）的预热、补焊过程中的层间保温及后热措施均与正式焊接时相同。

（3）座环安装。

对预埋的座环锚钩埋件进行高程、角度及到机组中心的距离检查，锚钩露出混凝土地面高度满足设计要求。

利用厂房桥机整体吊装座环就位于机坑已布置好的支墩上，并调整座环的中心、高程、水平度，同时记录。

顶起基础环，整体调整检查座环安装高程、水平，调整与基础环的同心度和高差，并调整其与基础环环缝满足要求，合格后焊接座环与基础环的对接环缝。

座环与基础环环缝焊接。由 4 名焊工施焊，彼此间相隔 90°，采用分段退焊法施焊，四周对称方向平衡施焊，焊接行进速度保持一致。施焊期间监控焊接变形，用铅垂线检查同心度和圆度的变化情况，盖面焊要保证无咬边或其他表面缺陷。

焊接过程中须有技术人员和质检员监测焊接变形，并根据焊接变形随时调整焊接顺序，所有的对接焊缝都必须做焊后热处理，后热加温时缓慢均匀升温，后热温度和保温时间按照要求进行，然后缓慢降温。

焊缝检查。座环与基础环焊缝检查按厂家图纸要求和文件标准执行。

检查验收。焊接探伤完成后，复测座环与基础环同心度，记录测量结果，测量结果符合设计要求。

焊后检查、测量座环和基础环的水平、高程、同心度及方位，合格后根据最终高程切割锥管上管口。

用千斤顶将座环、基础环整体下降到设计的高程，并确保座环安装高程精确在最小误差范围内，检查并调整座环轴线位置及角度偏差，调整座环、基础环与机组中心同心度，满足规范及设计文件要求。

打紧楔子板和基础螺栓，并顶紧千斤顶，拉紧拉紧器。合格后点焊拉紧器、楔子板、锚杆和基础螺栓。

等到座环浇筑混凝土后，焊接基础环与锥管的环缝。

（4）质量控制点及保证方法见表 1-2。

表 1-2　　　　　　　　　質量控制点和保证方法

序号	项目			转轮直径 D/mm					说明
				$D<$ 3000	$3000\leqslant$ 6000	$6000\leqslant$ 8000	$8000\leqslant$ 10000	$D\geqslant$ 10000	
1	中心及方位			2	3	4	5	6	测量埋件上 X、Y 与机组 X、Y 基准线间距离
2	高程			±3					
3	安装顶盖和底环的法兰面平面度	径向测	现场不机加工	0.05mm/m,最大不超过 0.60mm/m					最高点与最低点高程差
			现场机加工	0.25mm/m					
		周向测	现场不机加工	0.30 mm/m	0.40mm/m		0.60mm/m		
			现场机加工	0.35mm/m					
4	基础环、座环圆度及与转轮室同轴度			1.0	1.5	2.0	2.5	3.0	等分 8～32 测点,以转轮室中心为准
5	组合缝间隙			小于 0.05mm					用塞尺检查

4. 蜗壳安装及焊接

(1)场地准备。

1)在施工钢管制作场制作一个钢平台,作为蜗壳瓦片拼装施工平台。

2）在座环上、下环板搭设施工平台,上平台放置温控仪设备和部分焊机,下平台主要布置焊机、轴流风机、空压机等设备。

3）在水轮机层至蜗壳管节上架一梯子;在座环上下平台之间架一爬梯;在座环至机坑、蜗壳内底部的适当位置架设梯子。若蜗壳焊缝射线探伤影响其他人员工作,将在蜗壳周围搭设防护铅板。

4）将蜗壳外缘线千斤顶支撑、底部钢支座支撑吊至安装位置。

5）在距蜗壳外缘线 500mm 左右处,搭设施工脚手架。

6）搭设一旋转爬梯到蜗壳施工高程面。

设备和设施布置见图 1-17。

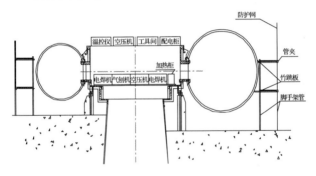

图 1-17　蜗壳安装及焊接施工设备布置示意图

（2）蜗壳挂装控制点设置。

根据蜗壳各节方位角度计算出测量点线图,在机坑内用全站仪放到地面上,打上永久标记,作为蜗壳挂装测量控制点,并挂座环中心线;在座环过渡板上焊接挡块。

（3）蜗壳拼装。

按照蜗壳挂装管节顺序要求进行拼装,拼装前将坡口打磨除锈、清理干净,并标出管节的腰线,在拼装平台上用自制圆规放出拼装节的进水口圆周圆地样。

首先将单节蜗壳中间瓦块吊放到钢平台拼装位置(凑合节除外),按照地样对中间瓦块进行压缝;然后将两侧瓦块依次吊装就位后与中间瓦块进行组装。检查蜗壳进出水边周长和圆度,开口尺寸,开口边至腰线尺寸,满足要求后使用无缝钢管进行内支撑,支撑位置为离进水边 $300\sim400\mathrm{mm}$ 处,见图 1-18。

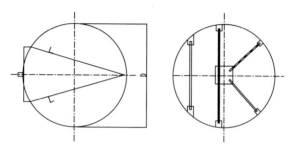

图 1-18　蜗壳拼装检查及加固示意图

蜗壳拼装纵缝焊接方法、焊接工艺与蜗壳安装焊接相同。焊接完探伤合格后,复查蜗壳各项尺寸。单节蜗壳拼装完成后对蜗壳焊缝进行防腐处理,将合格蜗壳倒运至厂房或机电设备存放场。

(4)蜗壳挂装。挂装定位节→挂装其余各节→挂装凑合节。原则上对称进行。

1)定位节挂装。首先检查座环及蜗壳节的开口尺寸,其次挂装,再次调整,最后进行验收加固。定位节吊装到位后,用千斤顶、拉紧器调整其位置,用水平仪、钢卷尺、线锤检测管口的方位、最远点半径、垂直度、高程合格后,在定位节外缘用千斤顶支承,再用拉紧器固定,并在适当位置使用槽钢进行支撑。如图 2-19 所示。

2)蜗壳各管节挂装。定位节挂装定位合格后,按蜗壳挂装顺序依次挂装两侧蜗壳管节,每个方向挂装的管节数量将根据所挂的蜗壳重量加以控制和调整。同时按要求支撑、调整与定位节相邻的管节及焊缝的错牙与间隙。合格后,点焊

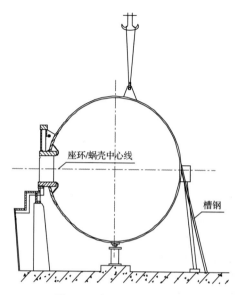

图 1-19　单节蜗壳挂装示意图

环缝及与过渡板之间的焊缝,点焊适宜在背缝侧,点焊时用烤枪预热。每个挂装方向调整好两条环缝后开始焊接第一条环缝。采取边挂边焊接的方式依次安装其他管节。

3) 蜗壳凑合节挂装。其他管节安装、焊接完成后,在蜗壳与座环过渡段焊接前,进行凑合节的安装。凑合节采取在现场进行配割的方法,切割前需进行预热,瓦块吊装前,测量所有瓦块的几何尺寸及凑合节安装位置的尺寸,确定切割位置及余量。先吊装底部瓦块、后挂装腰部瓦块、最后挂装顶部瓦块,如图 1-20 所示。根据所测量的尺寸将瓦块调整到位,瓦块尽量贴近蜗壳。按实际位置划切割线,采用全位置切割机进行切割。切割时,将瓦块稍微垫高,避免割伤蜗壳。切割完毕后,将瓦块调整到位,点焊瓦块,按此方法安装其他瓦块。瓦块坡口用角磨机打磨出金属光泽。

4) 蜗壳延伸段安装。蜗壳延伸段挂装时,校核压力钢管实际中心。以压力钢管实际中心和蜗壳定位节出口实际中心连线作为延伸段、蜗壳与压力钢管凑合节安装的中心控制线。依次进行蜗壳延伸段挂装调整。

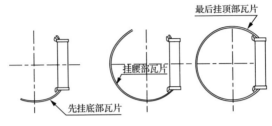

图 1-20　蜗壳凑合节挂装示意图

5）蜗壳焊接。

① 焊接顺序。

管节之间的环缝焊接→凑合节纵缝焊接→凑合节环缝焊接（凑合有两条安装环缝；焊接顺序是先焊接其中的第一条环缝，第一条环缝焊接完成并经无损探伤检查合格后再焊接第二条环缝）→蝶形边焊接→蜗壳与钢管之间的环缝焊接（此缝混凝土浇筑后焊接）。见图 1-21。

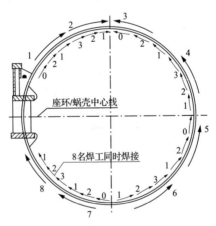

图 1-21　蜗壳焊接顺序示意图

② 焊接方法、焊接条件及焊接工艺。

蜗壳安装焊缝采用手工电弧焊。焊接时如有下列情况之一者，需采取特殊可靠的防护措施方可进行焊接；蜗壳挂装时机坑内有滴水；气温在 0℃ 及以下；湿度在 90% 以上。

焊接工艺评定。蜗壳安装前即按照《水轮机金属蜗壳现场制造安装及焊接工艺导则》(DL/T 5070—2012)的规定进行蜗壳钢种的焊接工艺评定试验，并根据评定成果报告的要求制定蜗壳焊接工艺规程，用以指导蜗壳的安装焊接施工。

焊接前用角向磨光机将坡口表面及两侧各 50mm 范围内的铁锈、油污、水迹、毛刺及其他污物等打磨清除干净，直至露出金属光泽为标准。

焊工资格。持有国家劳动部门颁发的《锅炉压力容器焊工考试合格证》或技术监督局颁发的适合水电行业高压管道及高压容器焊接资格的《高强钢焊接合格证》，以及按 ASME "锅炉和压力容器规程" 第 IX 章中的规定进行考核合格者方可进行蜗壳焊接（上述合格证明必须是在有效期内）。

预热温度、层间保温、后热温度，以及后热升温速度和降温速度均按厂家技术要求及 DL/T 5070—2012 中规定进行。预热的范围应确保焊缝每侧预热宽度不小于板厚的 3 倍。

蜗壳焊接预热采用履带式远红外电加热片配合电脑温控仪进行。为确保蜗壳焊接过程中的层间温度及后热温度满足技术要求，在电加热的基础上再配合使用人造棉保温被、石棉布等保温材料对焊接缝两侧进行有效的保温。

焊条烘烤及使用：焊条在烤箱内按规定时间烘烤至所要求的温度及烘烤一定的时间（国产低氢型高强钢焊条一般为350℃、保温 2h 后，将烤箱内的温度降至 150℃ 后将焊条取出装入到 100℃～150℃ 的焊条保温箱内恒温保存随取随用。焊条使用时从恒温箱内取出后应立即装入焊条保温筒中，保温筒应接入焊接回路中，筒内温度应始终保持在 100～150℃。焊条在焊条保温筒的存放时间不超过 4h，超过 4h 后应重新进行烘烤，焊条重复烘烤不超过 2 次，第二次烘干后未使用完的焊条不可再用于座环、蜗壳的重要焊缝焊接。

当焊缝预热温度达到技术要求后,多名焊工在同一时间内同时采用手工电弧焊进行对称、多层多道焊接,每层、道均实施分段退步焊。

环缝焊接时,先焊接大坡口侧的正面焊缝(对称 X 型坡口时一般先焊仰焊侧焊缝),正面焊缝在焊完找平层(即盖面焊缝以下的那层焊道)后,即用碳弧气刨进行背面焊缝的清根,清根时应将焊缝根部未熔化金属、点固焊熔敷金属及打底焊道的缺陷等彻底清除干净后,再用角向磨光机清除刨槽的渗碳层、氧化物及其他污物,刨槽打磨光滑后进行 MT 检验(厂家技术允许时亦可进行 PT 着色探伤),在确认刨槽未存在缺陷后再进行背面焊缝的焊接,正面焊缝的盖面层可以是在背面焊缝全部焊完后进行,也可以安排在背面焊缝的找平层焊完后进行。

蜗壳安装焊缝多层多道焊接时,各层焊道接头均应相互错开,严禁在任一焊层或任一焊道上有 2 个及以上的接头复合在一起。

高强钢蜗壳环缝焊接应连续焊完并按厂家技术要求进行后热消氢处理,蜗壳在焊接完成后按照厂家技术要求立即升温至后热温度并保温到所要求的时间后,再缓慢降温来进行消氢处理。

③ 蜗壳凑合节焊接。

凑合节的安装是在其他管节分别安装焊接成整体后进行,凑合节的纵缝和第一条安装环缝可以采用与蜗壳其他管节纵缝和环缝相同的焊接工艺措施进行焊接;但凑合节第二条安装环缝焊接时,由于先焊的管节已在机坑中进行了不同程度的支撑固定,加上已经安装完成的蜗壳管节的自重,因此凑合节第二条环缝存在较大的焊接拘束度,容易产生焊接裂纹,为此,在凑合节第二条安装环缝的焊接过程中,必须采取叠焊打底焊接法和实施锤击消应措施以避免裂纹的产生。

④ 蜗壳安装焊缝的质量检查。

外观质量检查:蜗壳安装焊缝的外观质量应符合厂家技术要求,同时应符合 DL/T 5070—2012 中的规定。

焊缝无损探伤:蜗壳现场安装所有焊缝按厂家技术及设计要求进行UT、RT探伤检查。

焊缝返修:同一部位焊缝缺陷返修次数一般不应超过两次,特殊情况下超过两次以上的焊缝返修处理应报经施工现场监理工程师批准,并做好记录,详细记录焊缝的编号、缺陷的位置、长度、性质等,并分析缺陷产生的原因及返修处理结果。

6) 蜗壳附件的安装埋设及内支撑割除、防腐。

按照图纸设计要求进行蜗壳附件安装,主要为测压接头(含测流量)配割、连接和安装。测压管路及测压接头安装完成后按要求进行水压试验。完成后,按照设计图纸进行蜗壳弹性垫层安装,回填二期混凝土,回填过程中必须安排专人进行监测,根据实际测量数据,进行混凝土浇筑位置调整。

蜗壳内支撑割除采用碳弧气刨切割(或用氧-乙炔火焰切割)方法进行,并留出 3~5mm 的余量后,用手动砂轮机研磨平滑。做 PT 探伤检查合格后,按要求进行焊缝部位的防腐。

7) 蜗壳水压试验。

① 打压闷头安装。在蜗壳进口端搭设平台,用主厂房桥机吊装蜗壳闷头进行安装。闷头焊接工艺与蜗壳焊接工艺相同。焊前敷设履带式加热带,后热处理。预热及后热温度与蜗壳焊接相同。

② 座环封水环安装及蜗壳封堵。蜗壳闷头焊接完成后,将蜗壳内轴流风机等拆除,用主厂房桥机吊装封水环并调整至机组中心,确保四周与座环上下搪口间隙均匀。封水环安装完成后最后封闭蜗壳进人门。封水环安装关键是密封环的安装。密封环安装前实测盘根槽深度、宽度及盘根直径,用盘根与盘根槽实配,确认盘根压缩量合适。对称把合封水环螺栓,并按要求拧紧。

③ 水压试验设备布置及监测。水压试验设备布置、配制管路,并在闷头顶部设置排气阀等,布置见图 1-22 和图 1-23。

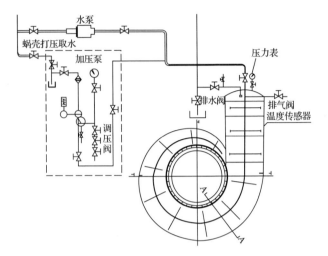

图 1-22　水压试验设备布置图

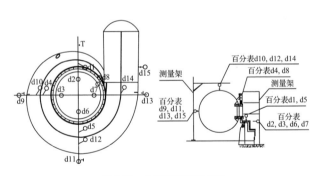

图 1-23　水压试验监测布置

④ 水压试验。

所有设备、管路等布置检查完毕后,便可对蜗壳充水。充水时,打开闷头上的排气阀,外部水源通过闷头上的充水接口直接对蜗壳充水。充水过程中,重点检查排水阀、进人门及其他管路封堵点,封堵环处派专人巡视,如发现渗漏情况,及时向现场指挥人汇报。闷头排气阀持续向外冒水时,表明蜗壳内水已充满。

开启试压泵，按制造商提供的升压程序对蜗壳进行水压试验，最后按要求升压至保压混凝土浇筑压力进行混凝土浇筑。整个过程记录蜗壳的变形值，如有渗漏，则卸压调整，重新进行。

座环、蜗壳监测记录分充水前、充水后、加压后进行。在前期混凝土浇筑过程中，对座环变形进行加密监测，一般为2h一次。其他过程监测记录一次。

⑤ 在浇筑过程中一旦发现座环变位等情况发生，及时调整混凝土浇筑的施工流程。在混凝土浇筑过程中，随着混凝土层温度的升高，蜗壳内的水温也同步升高，水压也逐渐增加。为了解决在混凝土浇筑过程中温度的上升引起的座环、蜗壳的变形，采用外界加温或降温冷却措施，始终保持蜗壳内部温度恒定。当蜗壳混凝土浇筑完成并达到养生期后，将蜗壳卸压排水，进行打压和保温设备拆除。

8）蜗壳与压力钢管之间凑合节挂装及焊接。蜗壳与压力钢管之间用凑合节连接，挂装在蜗壳二期混凝土浇筑完成后进行。以蜗壳延伸段至压力钢管管口的实测距离配割凑合节，挂装顺序与其他管节凑合节相同：先挂底部瓦块、后挂腰部瓦块、最后挂装顶部瓦块。焊接工艺参照蜗壳凑合节焊接工艺执行，无损检测参照蜗壳焊缝检测方法及标准执行。

9）蜗壳测压堵头的割除及防腐。蜗壳浇筑混凝土之后，割除测压管堵头，对割除部位进行打磨，探伤检查合格后，按要求进行焊缝部位的防腐。

10）尾水锥管凑合节焊缝焊接。蜗壳混凝土浇筑完成后对尾水锥管凑合节焊缝进行封焊，焊接前对焊缝坡口进行打磨、清扫，焊接过程中采用锤击消应。焊接工艺和探伤检查与锥管其他焊缝的焊接工艺和探伤检查相同。

11）质量控制点和保证方法见表1-3。

表 1-3　　　　质量控制点和保证方法

序号	质量控制点	允许偏差	保证方法
1	直管段中心与机组 Y 轴线距离	±0.003D	用全站仪放点,挂钢琴线,用钢板尺测量
2	直管段中心高程	±5mm	用水准仪测量
3	最远点高程	±15mm	用水准仪测量
4	管口与基准线	±5mm	用全站仪在蜗壳底部中心点,挂蜗壳中心钢琴线测量。用全站仪在座环过渡板放角度点用从机组中心通过角度点拉线,测量管口内侧和外侧同角度线的偏差
5	管口倾斜值	不大于 5mm	从管口顶部边沿吊钢琴线,测量管口底部边沿与钢琴线的距离
6	最远点半径	±0.004R	从管口顶部边沿到底部边沿拉钢琴线,测量最远点到钢琴线距离
7	蜗壳焊接	厂家技术要求	严格执行焊接工艺,焊后探伤

5. 机坑里衬及接力器预埋基础安装

(1) 机坑里衬安装调整。

在座环上放置机坑里衬的安装控制点,依次吊装分瓣里衬,平稳地放在座环支持面上,调整检查机坑里衬圆度、同心度、垂直度、顶部高程,调整完成后进行加固。

机坑里衬组合缝焊接:仔细清理机坑里衬分瓣对接缝,组合焊接时先焊接纵缝、后焊接环缝。采用分段退步焊,纵缝焊完后,重新检查机坑里衬的半径、圆度、高程、水平,合格后准备焊接与座环上平面连接的环缝。焊缝焊接完成后,按要求进行焊缝检查,复查里衬的各项尺寸并将机坑里衬打磨光滑平整。

(2) 接力器里衬安装。

测放接力器里衬安装高程、中心,吊装检查接力器里衬,调整接力器里衬高程、中心、垂直度及至机组 X、Y 轴线距离,符合要求。接力器里衬与机坑里衬焊接,焊接时应对称焊接,以减少基础板的位移变形。过程中应对接力器里衬基础板的垂直度和平行度进行监控,随时调整焊接顺序。对机坑里衬和接力器里衬板进行整体加固,焊接锚钩等,浇筑混凝土。

机坑里衬接力器里衬安装质量控制点和保证方法见表1-4。

表1-4　机坑里衬接力器里衬安装质量控制点和保证方法

序号	项目		转轮直径/mm					说明
			$D<$ 3000	$3000\leqslant$ $D<6000$	$6000\leqslant$ $D<8000$	$8000\leqslant$ $D<10000$	$D\geqslant$ 10000	
1	机坑里衬	中心/mm	5	10	15	20		等分8～16点
2		上口直径/mm	±5	±8	±10	±12		
3		上口高程/mm	±3					等分8～16点
4		上口水平/mm	6					等分8～16点
5		垂直度/(mm/m)	0.30		0.25			
6	接力器里衬	中心及高程/mm	±1.0	±1.5	±2.0	±2.5	±3.0	从座环上法兰面测量
7		至机组坐标基准线平行度/mm	1.0	1.5	2.0	2.5	3.0	
8		至机组坐标基准线距离/mm	±3.0					

6. 座环加工

座环是机组安装的基准,为确保机组安装质量,要保证顶盖装配上法兰面、与底环把合面的水平,以及导叶端面间隙符合规范要求,这是确保机组安装质量的关键。

(1)座环加工流程。

施工准备→立式车床安装调整→加工中心、高程确定→加工余量确定→座环上平面加工→座环上环内圆加工→座环下环内圆面加工→基础环平面加工→基础环下平面加工。

(2)施工准备。

对机坑进行整体清理,配置照明、施工电源;搭设平台,安装加工平台,制作防护平台,车床布置如图 1-24 制作锥管临时平台临时平台及上盖板。

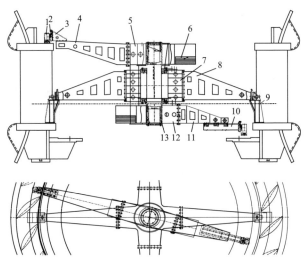

图 1-24 座环加工布置示意图

1—磨头装置;2—滑座;3—磨头支座;4—上接长臂;5—上转臂;6—配重块;
7—中心支撑体;8—支撑臂;9—支座;10—伸缩臂;11—下接长臂;
12—下转臂;13—主轴

锥管平台设置基础环面以下 800mm 左右位置,用作座环加工中心的确定、座环加工车床安装调整的工作平台,在座环加工完成后此平台不拆除,直接用作水轮机安装工作平台。

机坑里衬混凝土浇筑完成后在机坑里衬上方制作一个钢盖板,对机坑进行遮罩,防止在加工过程中上方坠物,座环加工工作便能展开。

(3)机床安装调试。

车床的安装质量决定座环的加工质量,车床安装的关键指标:

中心柱垂直度:全长 0.05mm,加工臂旋转时,旋臂上框式水平仪读数变化保持在±0.02mm/m 范围内。

底座安装高程:±1.0mm,中心偏差:±0.20mm。

底座安装:预先按图纸高程将底座支墩焊接在锥管上,底座组装完成后,整体吊入机坑调整,并点焊固定在支墩上;安装中心立柱并临时固定。

上支架及支腿安装:预先按图纸高程将上支架支墩焊接在机坑里衬上,上支架整体组装完成后,吊入机坑调整,点焊固定在支墩上;上部轴承安装并对车床初调整。安装旋转刀臂、车床加工机具及控制系统安装。安装盖板以保证施工安全。

通过上下支架调整螺钉对车床精调整,在不同速度下检查旋转刀臂旋转时水平变化,控制在±0.02mm/m 范围内;检查旋转刀臂转动时的稳定性。

(4)加工工艺。

1)座环上平面加工。

测量座环上法兰面到固定导叶中心线的距离,记录测量结果。根据测量结果及座环装配图和导水机构装配各部件的实际加工尺寸,计算座环上法兰面的加工余量。

座环上法兰加工前应实测座环上平面的实际高程,圆周均分 64 点测量,以找出座环上平面的最高点,并计算出座环加工后的高程。

座环上法兰加工时应由座环上法兰最高点开始,开始进刀时不得过大，待所有座环上平面都被加工到有金属光泽时，便可以加大加工进刀量。每进一次刀均应检查座环上平面的高程、水平，其中水平偏差不得大于 0.20mm，高程偏差不得大于±0.5mm。上法兰加工结束后复测高程、水平，并记录。

2）基础环加工。

测量座环上法兰面到基础环各加工平面的距离，并记录。根据测量结果、座环装配图及导水机构装配各部件的实际加工尺寸，计算基础环上各平面的加工余量。加工方法同座环上法兰。

3）座环上、下镗口加工。

使用钢卷尺测量上镗口半径，与设计图纸相比较，确定加工余量。以半径最小值开始进行加工。开始进刀时不得过大，待所有上镗口圆环面都被加工到有金属光泽时，便可以加大加工进刀量。每进一次刀均应检查上镗口半径及实际圆度。

下镗口加工参照上镗口进行，加工时在保证圆度的前提下，还应保证上、下镗口的同心度满足要求。

（5）质量控制点和保证方法见表 1-5。

表 1-5　　　　　　　　质量控制点及保证方法

序号	质量控制点	允许偏差		保证方法
1	座环上法兰（顶盖安装面）及基础环法兰平面度（底环安装面）	径向测量	0.25mm	用电子水准仪测量
		周向测量	0.35mm	
2	上、下镗口同轴度	2mm		用钢卷尺测量

（二）典型轴流式水轮机埋入部件安装

1．转轮室安装

（1）准备工作。随混凝土浇筑，埋设转轮室基础埋件；利用尾水管里衬上口支撑，搭设施工平台。转轮室安装前复测基础埋件高程，见图 1-25。

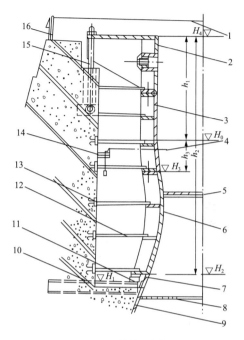

图 1-25　转轮室安装

1—钢琴线；2—上环；3—中环；4—钢琴线；5—施工平台；6—下环；
7—凑合节；8—施工平台；9—尾水管里衬；10—工字钢；11—楔子板；
12—角钢；13—基础板；14—挂线架；15—上环基础螺栓；16—挂线架

（2）计算转轮室各部安装高程。计算上环上法兰面安装高程、转轮室基础调整楔子板高程及下环上法兰面高程。测放安装控制点线，焊好挂线架。

（3）转轮室各段就位组合调整：

1）下环分瓣吊装就位，组合成圆。检查组合缝间隙：合缝间隙用 0.05mm 塞尺检查，应不能通过；允许有局部间隙，用 0.10mm 塞尺检查，深度不应超过合缝宽度的 1/3，总长不应超过周长的 20%；连接螺栓及销钉周围不应有间隙。

转轮室调整应符合表 2-6 要求。

表 1-6　　　　　　　　　　转轮室、座环安装允许偏差

序号	项目	允许偏差				说明
		转轮直径/mm				
		≤3000	>3000 ≤6000	>6000 ≤8000	>8000 ≤11300	
1	中心及方位	2	3	4	5	用钢板尺测设备上 X、Y 刻线与机组 X、Y 基准线间距离
2	高程	±3				水准仪测量
3	水平	径向测 0.07mm/m	周向 8～32 等分测 0.05mm/m 但径向最大不超过 0.60mm			水平仪和水平梁，或带钢铜尺的一级水准仪测
4	转轮室圆度	各半径与平均半径之差，不应超过设计平均间隙的±10%				分上、中、下三个断面，按转轮室的大小分 16～64 等分点测
5	转轮室上环、座环圆度(包含同轴度)	1.0	1.5	2.0	2.5	以转轮室定机组中心线，8～16 等分点测

2) 在下环内，距上环上口 0.8～1.0m 处，焊接固定专用钢平台。

3) 将中环、上环分瓣吊装就位、组合、联接，检查组合缝间隙和错牙符合要求。

4) 在挂线架 16 上，挂机组 X、Y 十字钢琴线。

整体调整转轮室，使上环法兰面高程、水平和 X、Y 刻线，符合表 2-6 要求。

用型钢，按圆周均布，将上环与基础板焊接，使上环定位。

拧紧上环基础螺栓，顶紧上环千斤顶。

5) 按上环上法兰面制造厂刻出的 X、Y 刻线，挂十字钢

琴线,从十字线交点挂系有重锤的钢琴线,以此线为中心,用千斤顶调整中环圆度。按中环上口和球心两个横断面,8～32点,电测法测量。调好后,用8～32根角钢按圆周均布将中环与基础板焊接。凡有千斤顶调整处,均应焊接角钢。先焊角钢与基础板对接缝,再焊角钢与中环筋板的搭接角焊缝,撤除千斤顶。

6) 按下述方式加固转轮室。

打紧所有基础螺栓和楔子板,顶紧千斤顶,并点焊。按圆周均布16～48点和设备环筋分层,用角钢将转轮室与基础板焊接,使转轮室定位。

7) 复测上环上法兰面高度、水平和 X、Y 刻线,应符合表2-6要求。

2. 座环安装

(1) 安装准备:

1) 随混凝土浇筑,埋设固定导叶基础板,埋设蜗壳边墙基础板。

2) 测量上环高度和固定导叶高度,确定上环上法兰面安装高程。

3) 复测基础螺栓孔位置和深度,与到货的基础螺栓长度核算,应与图纸符合,然后将基础螺栓就位。

4) 复测固定导叶基础板高程。

5) 在固定导叶外围,上法兰面以下 0.8～1.0m 处,上环组合脚手架。

(2) 座环安装调整:

座环安装加固见图1-26～图1-27。

1) 逐个吊装固定导叶于楔子板上,初步把紧 2～4 个基础螺栓,以防倾倒。

2) 逐瓣吊装上环于固定导叶上法兰面上,组装成圆。检查组合缝间隙,点焊组合螺栓。

3) 上环与固定导叶连接。检查固定导叶上法兰面间隙,应符合要求。在座环上环,法兰面上的 X、Y 线的上方悬挂十字线,以转轮室上环法兰面上的 X、Y 线为基准,用链式起

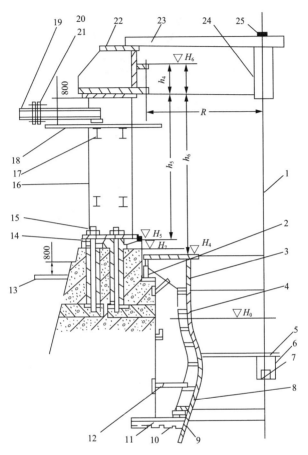

图 1-26　座环安装

1—中心钢琴线；2—千斤顶；3—转轮室上环；4—转轮室中环；5—施工钢平台；
6—油桶；7—重锤；8—转轮室下环；9—尾水管里衬；10—楔子板；11—工字钢；
12—角钢；13—施工脚手架；14—楔子板；15—基础螺栓；16—钢板；17—工字
钢；18—施工平台；19—工字钢；20—法兰；21—连接螺栓；22—座环上环；
23—中心钢梁；24—吊架平台；25—求心器

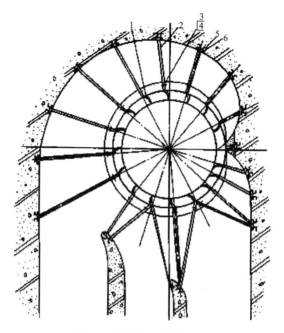

图 1-27 座环上环支撑布置图

1—固定导叶;2—工字钢;3—法兰盘;4—连接螺栓;5—锚筋;6—基础板

重机转动座环上环,使刻线位置符合表 1-6 要求。以 4~8 个固定导叶为支点,利用楔子板和千斤顶,调整座环上环高程和水平,符合表 1-6 要求。

4) 上环与其余各固定导叶联接,检查固定导叶上法兰面间隙,应符合要求。

5) 以转轮室上环上法兰面为基准,调整座环上环上法兰面高程、水平及 X、Y 刻线符合表 1-6 要求。打紧所有楔子板和基础螺栓,并用钢筋点焊定位。

6) 在固定导叶上部,与蜗壳边墙基础板相同高程上,用工字钢将基础板与固定导叶焊接。工字钢中间断开,由法兰和螺栓连接。

7) 在座环上环法兰面上放置中心钢梁、求心器,挂钢琴线。按转轮室中环中心调整钢琴线。以钢琴线为中心,测座环上镗口 8～16 点圆度,应符合表 1-6 要求。

8）焊接固定导叶与上环连接法兰。

在固定导叶之间,用工字钢或槽钢,分 2 层,周向搭焊连接(呈水平平行式或交叉式),以便把所有单个固定导叶连成整体。搭焊方法是:在固定导叶上焊一钢板,工字钢焊在钢板上。先焊一端,再焊另一端。

9）复测座环和转轮室高程、水平和 X、Y 线,应符合表 1-6 要求。

10）回填固定导叶基础螺栓孔内混凝土。

11）混凝土养生完毕后,复测座环上环上法兰面高程和水平,应符合表 1-6 要求。打紧所有基础螺栓和楔子板,并点焊防松。

12）浇筑固定导叶下法兰面下面混凝土。

（3）尾水管里衬凑合节安装:

1）对装转轮室与尾水管间凑合节,先焊轴向纵缝,后焊凑合节与转轮室间环缝。焊缝焊接,均采用分段退步焊法,圆周对称施焊。凑合节与尾水管里衬间环缝,暂不焊接,也不允许对装时点焊,只能焊挡板。

2）浇筑转轮室周围二期混凝土,应分两层或多层浇筑,以减小转轮室上浮量和水平变化。

3）转轮室周围二期混凝土养护完毕后,焊接凑合节与尾水管里衬间环缝。采用分段退步法,圆周对称施焊。

3. 蜗壳上下衬板安装

（1）以固定导叶为支撑,在上衬板安装高程下 0.8～1.0m 处,搭设施工平台,见图 1-28。

（2）从里向外,依次对装上衬板的立环板—平面板—弧面板—锥面板,对口间隙 1～2mm,错牙不大于 2mm,各部尺寸应符合图纸要求,加固应牢靠。

（3）从里向外,依次焊接上衬板的立环板—平面板—弧面板—锥面板,对每一部分,均先焊径向(轴向)缝,后焊周向环缝,采用分段退步焊法,圆周对称施焊。

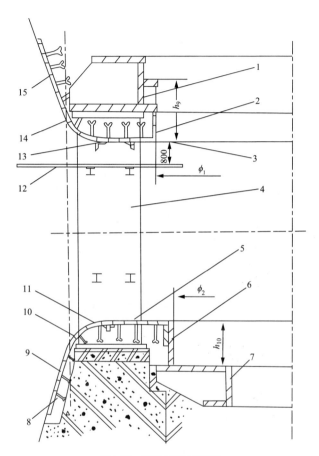

图 1-28　蜗壳上下衬板安装

1—座环上环;2—立环板;3—平面板;4—固定导叶;5—平面板;6—立环板;
7—转轮室上环;8—锚筋;9—锥面板;10—弧面板;11—角钢;12—上衬板
施工平台;13—角钢;14—弧面板;15—锥面板

（4）对装、加固、焊接下衬板。

（5）按图纸要求,焊接衬板的锚筋（若衬板安装后,不便于施焊锚筋,应在衬板对装前焊好锚筋）。

（6）割除上下衬板伸入蜗壳顶、底板的多余部分。

（7）浇筑下衬板下面混凝土。根据需要，允许在下衬板上开孔浇混凝土和灌浆，用后焊堵好。

（三）典型灯泡贯流式水轮机埋入部件安装

灯泡贯流式机组水轮机埋入部件主要包括尾水管里衬、管型座等。

1. 尾水管里衬安装

尾水管里衬为圆锥形，用钢板焊接而成。尾水管里衬一般分为三至四节，每节分为三瓣或者四瓣，在厂内加工完成，每节分瓣运至现场拼装焊接，拼装完成后对每节进行吊装。在尾水管安装时一般采用土建施工单位现场布置的起重设备或者租用流动式起重机（汽车起重机或履带式起重机）进行吊装。

将分节尾水管按出厂记号分别吊至拼焊场地，按厂家设计要求拼装，并检查拼装后尾水管尺寸符合设计要求后焊接拼缝。分段拼装尾水管，先把进口段拼装就位，初步调整其安装尺寸后固定，然后依此按顺序吊装其余各节尾水管，按规定工艺进行尾水管各环缝的拼装和焊接工作。焊接符合要求后进行尾水管整体调整，调整以尾水管进口法兰面为准，亦兼顾出口断面，调整合格后按设计要求进行加固，加固时采用搭接焊，禁止对接焊，可有效地避免加固焊接变形。固定后复核尾水管安装尺寸均符合设计和规范要求；监理主持验收，验收合格后移交土建单位进行二期混凝土浇筑作业。

2. 管型座安装

管型座为钢板焊接结构，主要由管型座外锥、内锥、上下竖井及支撑件组成。管型座是机组安装时的基准部件。

（1）设备吊装：

一般情况下，在首台管型座具备安装条件时，主厂房桥机尚未形成，同时管型座的单件重量较大，因此，管型座的吊装手段一般有如下几种：

1）使用土桥机进行吊装。在土建浇筑至运行层高程时提前埋设土桥机轨道,土建浇筑完毕后安装土桥机并做负荷试验。在前流道用型钢和钢板搭设滑道,将管型座部件吊放至滑道钢板上,用卷扬机牵引管型座设备向下游移动至土桥机位置处,用土桥机吊起管型座,用手拉葫芦牵引土桥机向下游管型座安装位置移动。

2) 使用现场现有设备进行吊装。由于管型座单件重量较大,一般超出现场单台起重设备的载荷,因此现场采用制作平衡梁,使用两台起重设备的方法进行吊装。根据现场起重设备的安全距离、管型座的重量和尺寸,选取平衡梁的尺寸并对平衡梁受力情况进行校核。平衡梁一般采用工字钢和钢板制作焊接而成。

3) 汽车起重机进行吊装。根据管型座的安装位置、汽车起重机的站车位置确定起重机的幅度;根据以上参数查起重机的特性曲线确定臂长;根据已确定的幅度和臂长查起重特性曲线确定起重机的额定起重量,根据管型座的最大重量判断是否满足要求。

(2) 设备焊接:

1) 按制造商提供的规格,准备充足的焊条,各种直径焊条的重量搭配应合理。

2) 焊接部位搭设防雨棚及焊接作业平台,平台设安全防护栏杆。

3) 焊前将坡口及坡口两侧内的铁锈、油污等杂物清理干净,并用磨光机将坡口打磨出金属光泽。

4) 焊接方法。根据现场施工条件一般采用手工电弧焊。

5) 焊接参数按制造商提供的执行。全部采用多层多道焊。在焊接过程中对每层焊缝(封底焊缝和面缝除外)可以采用风铲锤击法,也可以采用焊后局部消应力热处理。

6) 焊缝检查。有焊缝做外观检查。按照设计要求做超声波无损检测。

7) 焊缝缺陷处理。焊缝的外观检查发现有裂纹、未熔合等表面缺陷时,必须用磨光机将缺陷磨掉,经 MT 或 PT 检查无缺陷后,再对缺陷处进行表面修补,修补的焊接工艺与正式焊缝的焊接工艺相同。

8）检验记录。所有工序完工合格后，应打上工号，并按相关规范要求提供各种质量检验记录。

（3）管型座二期混凝土。管形座组焊完成后，根据规范和厂家图纸要求对内、外锥体及整体管型座的中心方位及高程、圆度、法兰面距转轮中心线的距离以及内外锥体下游法兰面的间距等参数进行调整，调整合格后按照规定对其进行整体对称加固，加固复测数据合格，经监理工程师验收后，移交土建单位浇筑混凝土。管形座周边混凝土浇筑分层一般为2m左右。每层混凝土浇筑开仓前与浇筑后对管型座进行复测检查，防止浇筑过程中两侧浇筑不均衡等导致管型座相关数据发生变化。

（四）冲击式水轮机埋入部件安装

1．机壳安装

机壳为焊接结构，一般分别由机壳上下段、上盖和内盖组成，每段分为两瓣，运至工地组装焊接。

（1）机壳安装：

1）在安装间布设机壳组装支墩，支墩顶面水平度及高程偏差应满足制造厂技术要求。将分块的机壳按制造厂编号组合，打入组合面法兰定位销钉，把合组合螺栓，封焊组合焊缝，打磨光滑，测量上、下口尺寸满足设计要求。

2）将组装成整体的机壳整体吊入机坑，放置在安装支墩上，在支墩预埋基础板上放置调整楔子板，用以调整安装高程及水平。

3）挂钢琴线，焊接外部拉紧器，使用楔铁、千斤顶和拉紧器调整机壳进口和出口的方位、高程、中心，调整好后进行机壳的加固，在混凝土浇筑时，在机壳外围布置相应数目的拉锚，并与混凝土基础钢筋焊接牢固，作为机壳加固的生根基础。机壳加固时内部加装支撑，外部与锚钩焊接牢固，防止混凝土回填时机壳变形。

4）质量控制点和保证方法，见表1-7。

序号	质量控制点	允许偏差	保证方法
1	中心	≤5mm	挂轴线钢琴线＋钢板尺测量
2	方位	≤10mm	钢琴线＋钢板尺
3	高程	±5mm	用水准仪测量

（2）稳水栅安装：

1）吊装分块稳水栅栅板，使用千斤顶等工具调整稳水栅栅板的高程、中心、方位、水平及栅板之间的间隙和高低错压等参数满足要求。

2）稳水栅调整完毕后，对稳水栅和基础井架之间进行加固。复测稳水栅位置参数满足规范和厂家技术要求进行机壳安装。

（3）转轮运输轨道安装。

（4）机壳上盖组装

1）在安装间将分块的机壳内支持盖按制造厂编号组合，把合组合螺栓，封焊组合缝，并且打磨光滑。然后在内部加固"米"字形支撑。

2）将分块的机壳上盖在安装间组合成整体，封焊组合缝，并且打磨光滑，测量各部位尺寸满足要求。

3）将组装合格的机壳上盖与机壳内支持盖按设计图纸的技术要求，按 X、Y 线进行坡口的对接，并保证机壳上盖与机壳内支持盖上平面夹角符合设计要求。相对位置及各部位尺寸满足要求后，封焊组合缝，并且打磨光滑，在合适的位置上焊接吊装吊耳。

4）安装质量控制要求及保证方法，见表 1-8。

表 1-8   安装质量控制要求及保证方法

序号	质量控制点	质量要求	保证方法
1	方位	≤1mm	挂机组 X、Y 轴线钢琴线，用钢板尺测量
2	机壳法兰高程	±2mm	用精密水准仪测量
3	机壳法兰水平	0.05mm/m	用框式水平仪测量

2. 配水环管安装

配水环管指进水阀到喷嘴之间的输水管路,包括进口大岔管、分支小岔管、直管和弯管等。配水环管为焊接结构。

(1) 测量放线:

以机组 X、Y 轴线,作为配水环管进口法兰调整基准线。一条法兰面的平行线,用以检查到机组 X 轴线的距离、法兰面与 X 轴线的平行度、法兰面的高程;一条纵轴线,以检查进口法兰到机组 Y 轴线的距离,保证与后面安装的水轮机进口球阀和压力钢管在同一轴线上。

进水口及喷针法兰的垂直度检查线。每个法兰的垂直度用线锤检查,在法兰左右分别布置 2 个线锤,以保证法兰面的垂直。

机组中心线。在稳水栅上制作安装专用平台,用全站仪找出机组中心点,并做标记,用以测量喷嘴法兰到机组中心的距离,保证转轮和喷嘴法兰同心。

喷嘴法兰平面的中心点。在每个喷嘴法兰面相平行 100mm 位置,安装一个槽钢架,通过计算角度并用精密全站仪找出法兰的中心点并做冲点标志。该点作为法兰调整测量的基准点。

(2) 配水环管吊装调整:

1) 测量放点:在混凝土面上作出配水环管各管口的中心、高程和轴线控制点。清理施工现场,在预埋基础板上放置支墩等调整件。

2) 配水环管一般分多段运抵工地现场。

3) 将配水环管大岔管段吊入机坑,调整岔管的高程、中心、支管管口垂直度、方位、中心高程等符合规范要求后将分支短管法兰与对应机座法兰联接,打入两法兰之间的定位销钉,打紧两法兰之间的连接螺栓,并进行单段管节加固。

4) 按顺序将配水环管单节吊入机坑,调整各管节的腰部高程、管口垂直度等符合规范要求后进行各节加固。

（3）配水环管的焊接：

1）焊前准备：

① 技术交底。对焊接质检人员、电焊工、焊条烘烤等相关人员进行技术交底，让上述人员熟悉相关工艺及参数，并在施工过程中严格按工艺执行。

② 施工设备准备及检查。布置电焊机、焊条烘干箱、保温箱等设备。现场配备足够的消防设施。

③ 焊接材料准备。按制造商提供的规格，准备充足的焊条，各种直径焊条的重量搭配应合理。

④ 施工防护设施准备。焊接部位搭设焊接作业平台，平台设安全防护栏杆。

⑤ 坡口清理。焊前将坡口及坡口两侧内的铁锈、油污等杂物清理干净，并用磨光机将坡口打磨出金属光泽。

2）焊接方法。采用手工电弧焊。

3）焊接工艺。焊接参数按制造商提供的执行。焊接工艺按制造商提供的焊接工艺施焊。

4）焊缝检查。所有焊缝做外观检查。按照设计要求做无损检测。

5）焊缝缺陷处理。焊缝的外观检查发现有裂纹、未熔合等表面缺陷时，必须用磨光机将缺陷磨掉，经 MT 或 PT 检查无缺陷后，再对缺陷处进行表面修补，修补的焊接工艺与正式焊缝的焊接工艺相同。

焊缝内部质量发现有超标缺陷时，严格按制定的返修工艺返修，用碳弧气刨刨削，清除缺陷。刨 U 形坡口，清理坡口打磨使其露出金属光泽。补焊时按焊接工艺进行，补焊前预热，焊后用抗热板保温缓冷。

（4）配水环管的水压试验。配水环管如果需做水压试验，依照合同文件及制造厂家要求。

（5）配水环管安装质量控制要求见表 1-9。

表 1-9　　　　　　　配水环管安装质量控制要求

序号	质量控制点	允许偏差	保证方法
1	配水环管法兰与机组 Y轴线距离	±3mm	用全站仪放点,挂钢琴线, 用钢板尺测量
2	配水环管法兰与机组 X轴线距离	±3mm	用全站仪放点,挂钢琴线, 用钢板尺测量
3	配水环管法兰中心高程	±2mm	用水准仪测量

(6)混凝土回填。配水环管打压试验合格后,对配水环管、机壳等进行重新检查调整,等调整合格后进行可靠加固,验收合格后回填混凝土。在浇筑混凝土时,为防止配水环管、机壳装配出现变形,不应从高空倾倒或单侧浇筑,应分层、分段均匀浇筑,浇筑上升速度不应超过300mm/h,每层浇高不大于2.5m,施工时应随时监测配水环管以及机壳的变形情况并采取相应措施。由于配水环管采用保压(保温)法浇筑机坑混凝土,因此配水环管腰部以上铺设弹性垫层的可能性不大,但是为了考虑机组安装的最长直线工期,以便作好施工规划,还是将其作为施工过程中的一个环节加以考虑。

二、水轮机安装

(一)典型混流式水轮机安装

1. 导水机构预装

水轮机座环加工完成后,可进行水轮机导水机构预装工作。预装前对底环、顶盖及机坑内等部件清扫检查。底环、顶盖在安装间进行组装,完成后吊入机坑进行预装。预装程序:机坑清扫→底环预装→活动导叶预装→顶盖预装→预装结束。

预装主要目的是调整底环与顶盖止漏环同心度;调整导叶下轴套与导叶轴套同心度;调整导叶的端面间隙;调整底环、顶盖的圆度等,上述几道工序调整是相互影响,需根据调整测量数据并结合实际情况进行综合分析,各项数据满足相关标准要求后,才能进行定位销孔的钻铰工作。

（1）底环组装。在安装间布置 8 个支墩,每个支墩上放置楔子板 1 对,吊装第一瓣就位,利用千斤顶配合楔子板将底环调平,起吊其余分瓣底环,与第一瓣组拼,打上底环定位销钉和连接螺栓,用专用扳手将所有螺栓拧紧至要求扭矩。整体组装完成后,复测底环水平度,用塞尺检查组合缝处的间隙、错牙,并用内径千分尺测量底环圆度。

（2）底环预装。起吊底环,将其吊入机坑,根据座环上的 X、Y 轴线确定底环方位,在机坑内架设求心器,调整底环中心与座环的同心度、圆度。使用电子水准仪调整底环水平度、高程。调整合格后使用螺栓将底环把合到基础环上,待导水机构预装完成后进行销钉孔钻铰。

（3）活动导叶预装。导水机构预装中,轴线方向 4 个导叶不参与预装。

全面清扫导叶的上、中、下轴颈和上、下端面,去除毛刺、高点、锈蚀、油污或其他污物,同时清理底环工作面。清理完成后,对底环(导叶下轴套)进行遮盖,避免其他杂物掉入。导叶下轴颈表面涂抹一层润滑脂,按照编号进行起吊、就位。导叶进入底环后,轻轻转动导叶,导叶应转动灵活;拆除起吊装置后,检查导叶下端面间隙,在自重的情况下,导叶下端面间隙应为零。

（4）顶盖组装预装:

1）顶盖组装。在安装间布置 8 个支墩,每个支墩上放置楔子板 1 对,参照底环组装方法进行,组装完成后,复测顶盖水平度,用塞尺检查组合缝处的间隙、错牙等。

2）顶盖预装。清理顶盖与顶盖支持环接触面,起吊顶盖,以顶盖标记的轴线与座环初步找正。当导叶进入顶盖的轴套时要避免碰撞,以免损坏轴套。顶盖吊装到位后,检查顶盖与支持面的尺寸及配合面情况。挂钢琴线测量顶盖和底环的同心度。

3）导叶轴套同心度调整。在为预装导叶孔上方架设小求心仪,用内径千分尺测量并调整导叶轴套的同心度。

4）导叶端面总间隙测量。顶盖、底环同轴度及导叶轴套同轴度调整完成后,安装顶盖螺栓(至少一半)或在合适位置布置千斤顶(不少于 24 台),进行导叶间隙测量,用塞尺测量 20 只活动导叶上端面与顶盖之间的间隙,此即为导叶端面总间隙。

(5) 导水机构部分定位销钉孔钻铰。各部件同轴度、圆度等均调整合格后,使用专用工具进行销钉孔钻铰工作,使用记号笔标记销钉位置。对于过大销钉孔,在钻孔前,使用手枪钻先进行引导孔钻孔工作,以保证销钉孔钻铰质量。

(6) 质量控制点和保证方法详见表 1-10。

表 1-10   **质量控制点和保证方法**

序号	质量控制点	允许偏差	保证方法
1	上下固定止漏环同心度	0.20mm	挂钢琴线,用内径千分尺测量
2	底环上平面水平度	0.45mm	电子水准仪测量
3	导叶端部总间隙	符合设计要求	塞尺测量
4	组合缝间隙	小于 0.05mm	塞尺测量

2. 转轮大轴组装及吊装

(1) 转轮大轴组装。水轮机轴、转轮运输至安装间,进行清理,复测所有几何尺寸,并使用桥式起重机对主轴进行翻身吊装。仔细检查联轴法兰面,有无高点,对高点进行修磨处理。调整转轮法兰面至水平状态,起吊主轴,将水机大轴调平,进行连接工作。水轮机主轴对准转轮上的止口,落在转轮上,穿入联轴联轴螺栓,初步打紧后,用液压拉伸器对称拉紧联轴螺栓至伸长值符合设计要求。按厂家要求分多次拉伸,不允许一次直接拉伸到位。

(2) 转轮、主轴轴线测量。水机轴与转轮连接螺栓把紧后,在大轴每隔 45°方向挂一根钢琴线,使用电测法检查水机轴与转轮同心度、水机轴垂直度,共测量 8 点,并检查水机轴上法兰面水平、高程。

(3) 水导挡油圈组装。将分瓣挡油圈放置在水机轴下法兰上,组合成整体,调整圆度并固定,然后托起挡油圈固定在轴颈上。

（4）底环正式安装及转轮大轴吊装：

1）底环安装。导水机构销钉孔钻铰工作完成后，对机坑、底环整体进行清扫，进行底环安装工作。首先安装相应的密封设施，按照预装时位置安装水轮机底环，按设计要求把紧螺栓。完成后复查底环顶面高程，底环中心及圆度。

2）转轮大轴吊装。对底环、基础环支座及机坑进行整体清扫，拆除导水机构预装临时平台，使用转轮、大轴吊装专用工具，在安装间将大轴上法兰调平，吊入机坑，在进入下止漏环时，测量底环与转轮之间间隙，根据实际数据，四周可使用木方配合千斤顶，调整转轮至机组中心。转轮坐落在基础环支座法兰平面上，可在支座法兰上布置8个点楔子板（低于转轮运行高程15mm左右），已调整转轮水平度、高程。测量转轮与底环平面下沉值。

（5）质量控制点和保证方法详见表1-11。

表1-11　　　　　　　　　质量控制点和保证方法

序号	质量控制点	允许偏差	保证方法
1	转轮和主轴组合缝间隙	小于0.05mm	塞尺检查
2	转轮和主轴联结螺栓伸长值	符合设计要求	百分表测量
3	法兰水平度、主轴垂直度	小于0.02mm/m	用水平仪检查水平度，挂钢琴线用内径千分尺配合耳机测量垂直度
4	高程	±2.5mm	水准仪测量

3. 导水机构安装

底环安装工作在转轮吊装前进行，转轮及大轴已就位，且满足安装要求，整体清扫底环上平面及转轮。

（1）导叶安装。在导叶下轴套（底环处）上涂抹一层润滑脂，按相应的序号吊装导叶，在导叶即将吊装入导叶下轴孔时，安装相应的导叶轴密封环、密封圈套（下端）。导叶进入底环后,轻轻转动导叶,导叶应转动灵活;拆除起吊装置后,检查导叶下端面间隙,在自重的情况下,导叶下端面间隙应为零。

(2)顶盖安装。在所有的导叶上、中轴套内涂上一层润滑油脂。起吊顶盖按预装标记进行机坑顶盖就位,穿上定位销后,并将连接螺栓依次对称安装打紧。同时测量转轮与顶盖上抗磨环之间的间隙,间隙差不能大于±5%平均间隙。安装顶盖中轴套密封套。按设计要求把合顶盖螺柱。

检查转轮上止漏环、底环间隙,复查导叶上、下端面间隙,复查导叶总间隙应满足设计要求,导叶大小头间隙应大小一致。

(3)控制环吊装。控制环采用钢板焊接结构,整体运输。安装间卸车后,清扫控制环与顶盖接触面,将控制环吊入机坑并安装在顶盖上,调整在关闭状态,然后临时固定。

(4)导叶间隙调整:

安装活动导叶推力环、抗磨板、拐臂、抗剪板、端盖及导叶提升螺栓等操作部件。

1)端面间隙调整:确定活动导叶端面总间隙;按设计图纸确定活动导叶上、下端面间隙分配;将活动导叶提升螺栓打紧;上下端面间隙调整完毕后,用锁锭螺栓将导叶上下位置锁锭。通过提升螺栓、背帽及提升螺帽提起活动导叶,施工人员在座环内用塞尺测量活动导叶上、下端部间隙,当其达到设计分配值后,停止提升活动导叶,锁紧提升螺栓,依次进行其他导叶间隙调整工作。整体完成后,复测导叶上、下端面间隙作为正式记录。

2)立面间隙调整:用钢丝绳捆紧导叶,通过敲击的方法逐步调整导叶立面间隙。对于存在较大间隙的导叶进行立面间隙,根据监理人和厂家的要求进行处理,直到合格。立面间隙调整完毕后,检查各个导叶最远点与底环外沿的距离,该距离应一致。并且用塞尺再次检查导叶立面间隙。

(5)导水机构操作部件连接。按设计图纸将安装拐臂、联板、销钉等,与控制环连接,此时活动导叶和控制环均处在关闭状态。

（6）水轮机接力器安装调整：

接力器在安装前，首先对接力器 1.5 倍额定油压耐压试验，并检查接力器活塞杆全行程推进、推出，无卡阻现象。

① 基准点确定。确定接力器中心线及高程线基准点，并挂上钢琴线；清扫底座，检查接力器基础板，并打磨平整。

② 接力器安装。将接力器吊入机坑就位，在机坑里衬上方（正对接力器位置）焊接吊耳，利用手拉葫芦将接力器套入基础板预埋螺栓上，开始调整。将接力器相对于控制环的距离调整到设计位置，分别在全关及全开位置检查、调整好后，将接力器临时固定。用外加液压泵操作二个主接力器至全关位置，测量接力器连轴孔中心至控制环连轴孔中心距离及连接板中心孔距，调整接力器使得控制环连轴孔中心距离＋接力器压紧行程（设计）＝连接板中心孔距，测量接力器底座至预埋基础板之间的间隙，即为垫板的厚度。根据实测垫板厚度与测量间隙进行垫板修磨。完成后，打紧底座螺栓，将接力器与控制环连接。

（7）质量控制点及保证方法详见表 1-12。

表 1-12　　　　　　　　质量控制点及保证方法

序号	质量控制点	允许偏差	保证方法
1	导叶端部间隙	符合设计要求	塞尺测量
2	导叶局部立面间隙	小于 0.05mm，局部不大于 0.1mm	塞尺检查
3	接力器连杆两端高差	不大于 1mm	水准仪测量
4	接力器水平度	不大于 0.01mm/m	框式水平仪在导管测量
5	两接力器活塞全行程偏差	不大于 1mm	用钢板尺测量

4. 水轮机总装

在发电机下机架吊入机坑前将检修密封、工作密封、水导轴承、水导油盆支座及附件等吊入机坑。

（1）机组盘车及定中心。配合发电机进行水轮发电机组的盘车，以检查及调整轴线，确保各部位摆度满足《水轮发电机组安装技术规范》(GB/T 8564—2003)规范要求。机组盘车及轴线调整好后，进行转动部分定中心工作，转轮与底环处用楔子板周向固定。

（2）主轴密封安装：

1）检修密封安装。按图纸要求进行检修密封的安装，安装前充 0.05MPa 的压缩空气，在水中作漏气检查无漏气。确认围带无破损后，进行围带安装。围带安装完成后，进行充、排气试验及保压试验，在 1.5 倍工作压力下保压 1 小时压降不超过额定压力的 10%。同时用塞尺检查围带与主轴法兰之间严密贴实，无间隙，排气后，围带要能缩回原位。

2）工作密封安装。工作密封时需保证以下几点：确保抗磨环、密封环安装水平，抗磨环接缝处调整好无错台；密封环与抗磨环接触面在 70% 以上，局部间隙不超过 0.02mm。安装完成后，通设计压力水进入密封检查，此时沿圆周均匀支上 4 块百分表测量工作密封上浮是否均匀，上浮量是否达到要求，如达不到要求，需拆卸重新安装。

3）质量控制点及保证方法详见表 1-13。

表 1-13   质量控制点及保证方法

序号	质量控制点	允许偏差	保证方法
1	检修密封充气试验	充气 0.05MPa 无漏气	浸入水中试验
2	工作密封浮动检查	满足设计要求	充水使用百分表检测

（3）水导轴承及附件安装：

1）水导油槽安装。水导油盆座相对于主轴轴颈调整好并打紧固定，然后钻、铰定位销钉孔并打入销钉固定水导油盆座。进行轴瓦支承环安装。挡油圈与油槽底环安装成一体，二者的安装关键点是要确保盘根就位均匀压紧，压缩量要足够。同时调整挡油圈与大轴间隙，确保间隙均匀。在油盆注入适量煤油，对挡油圈与油槽底环之间的密封进行渗漏试验,如有渗漏,需拆开重新安装直至合格。

2) 轴承安装。准备百分表、小铜锤或铜棒、千斤顶等工器具,对水导瓦表面检查,表面应光滑无毛刺。复测水导瓦支承块与轴颈的同心度,按对称方向进行水导瓦安装工作。安装水导瓦,调整楔子板、球面支柱、支承块、限位块、锁定螺栓及螺帽等。架设百分表,以监测确认轴颈位移量,计算其对轴瓦间隙的影量,原则上轴颈不得有位移。用小铜锤敲击楔子板,使导瓦贴紧轴颈,此时测量楔子板所处的高度,按导瓦设计间隙及楔子板斜度来确定提升楔子高度,调整好后,将其回装,将固定水导轴瓦楔子板螺栓锁紧。水导轴瓦间隙调整好后,拆卸掉固定机组中心的楔子板及千斤顶,测量确认水导轴瓦总间隙满足设计要求。

3) 附件安装。水导轴承附件主要包括油冷却器、冷却环管、瓦温及油温测量装置、油盆盖板及密封环的安装。冷却器安装前需进行 1.5 倍额定压力严密性耐压试验。

4) 质量控制点及保证方法详见表 1-14。

表 1-14　　　　　　　质量控制点及保证方法

序号	质量控制点	允许偏差	保证方法
1	轴瓦间隙	±0.02mm	塞尺测量
2	油槽渗漏试验	无渗漏	做煤油渗漏试验
3	冷却器耐压试验	根据工作压力做严密性耐压试验	耐压试验
4	轴承油位	±10mm	用钢卷尺测量

(4) 水轮机附件安装。

1) 补气装置安装。水轮机补气装置为大轴自然补气系统。大轴中心补气是水轮机补气的主要方式,由垂直补气阀、自然补气管和补气口、排水管等组成。按照设计图纸分部位对补气装置进行安装。补气阀安装前,检查补气阀动作是否灵活。

2) 顶盖排水设备安装。顶盖排水泵安装时用环行吊车将泵吊到位,按图纸要求安装调整。根据厂家或设计院设计图纸校核安装位置及管路走向,进行预埋管路封堵管口的处理及法兰焊接,配制、清洗、安装管路,所有管路按规范要求进行严密性耐压试验,进行系统管道的防腐、涂装。

3)自动化元件及机坑照明设备安装。水轮机自动化元件包括温度测量仪、液位信号器、流量传感器、示流信号器、压力开关、位置传感器、仪表盘、端子箱等。自动化元件安装前按图纸要求清点数量、核对种类,并交试验室校验整定。配线完成后,恢复盘柜的边盘、顶盖、底板等,封堵电缆孔洞。按照设计图纸进行机坑内照明设备安装,安装外观确保美观、大方、得体。

4)其他附件安装。按照设计图纸进行尾水盘型阀,过道、平台、楼梯和护栏,水轮机坑管路等设备安装工作。

(二)典型轴流式水轮机安装

轴流机组安装不同于混流式机组主要为转轮和受油器,其他部件安装方法基本相同。

1. 转轮组装准备工作

(1)在安装场埋设转轮组装与试验用钢平台。钢平台应能固定组装用钢支墩。在钢平台上做油压试验时,当叶片全开,叶片最低点距地板距离不小于300mm。

(2)在钢平台外围地板上,可埋设紧固叶片螺栓用地锚,地锚许用拉力的安全系数取4~5,地锚位于转轮体水平投影外圆切线上。

(3)油压试验设备。油泵组一台,总容量按5~15min叶片全开或全关计算,供油压力应不小于转轮接力器额定压力的25%,油泵组应装有单向阀和溢流阀。油罐一个。容积为转轮接力器总容积的2.0~2.5倍,卧式油罐应自带一台注油泵,压力滤油机一台。

(4)组装辅助材料。转轮组装用钢支墩4~6个,高度1m,支墩上下端面平整,并固定在钢平台上。

(5)设备清点。对设备进行全面清点、清扫、检查(复查主要配合尺寸和外观检查)、去锈、补漆,并对细牙螺栓进行清扫、研磨、试配。对重要部位的销钉和销孔进行测量检查。

将接力器缸体倒置于钢支墩上,清扫、刷漆,将联轴螺栓插入螺孔就位,焊上挡块和堵板,焊缝应进行外观检查和煤油渗漏试验,或着色法探伤。

2. 转轮组装工艺

(1) 将活塞倒放于钢平台的中心孔内。

(2) 拆去转轮体下法兰吊具。

(3) 按编号将转臂连杆装配,逐个吊入转轮体内就位。用专用平衡吊具,按编号、逐个起吊枢轴,装入销钉。调整枢轴方位和水平。对正转臂销孔,插入转轮体叶片轴孔内,拆除平衡吊具,拧紧螺栓,见图1-29。

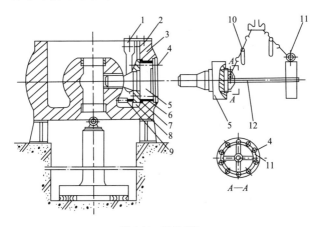

图1-29 转轮组装

1—连杆;2—连杆固定工具;3—转轮体;4—工艺螺栓(3个);5—枢轴;
6—铜瓦;7—转臂;8—楔子板;9—千斤顶;10—链式起重机(2个);
11—吊环(3个);12—枢轴平衡吊具

(4) 装配活塞杆O型密封圈,用桥机提升活塞到安装位置,活塞下面垫上工字钢,将活塞保持在该位置上,撤去桥机,见图1-30。

(5) 用桥机和千斤顶,将操作架升到最高位置,使活塞端面与转轮体接触,顶紧千斤顶,以防翻身时活塞蹿动。

(6) 转轮体内部清扫干净,经验收后,安装翻身盖,注意

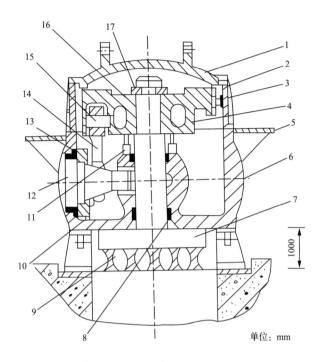

图 1-30 叶片传动机构安装

1—翻身盖；2—连接体；3—导向滑块；4—操作架；5—平台；6—转轮体；
7—活塞；8—铜瓦；9—工字钢；10—楔子板；11—千斤顶；12—枢轴；
13—转臂；14—连杆；15—连杆销；16—平键；17—卡环和锁锭套环

其吊耳方向应与上吊具一致，见图 1-31。

（7）利用两个上吊具和翻身盖的两个吊耳，将转轮翻身，见图 1-31。

（8）转轮装配翻身置于钢平台上，撤去桥机，拆除吊具。

（9）利用桥机、滑轮和地锚，紧固叶片螺栓，用测量螺栓伸长值或拧紧力矩控制预紧力，见图 1-32～图 1-33。

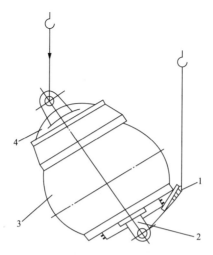

图 1-31 转轮装配翻身

1—枕木；2—上吊具（2 个）；3—转轮装配；4—翻身盖

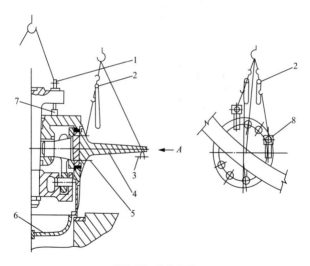

图 1-32 叶片安装

1—活塞吊环（2 个）；2—链式起重机（2 个）；3—起重卡扣；4—叶片；
5—叶片连接螺栓；6—下盖；7—千斤顶；8—叶片吊具（2 个）

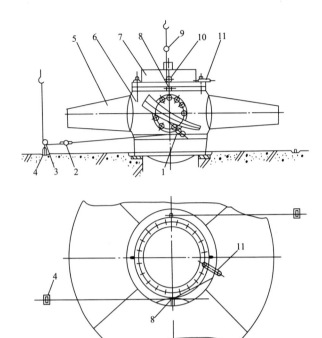

图 1-33　叶片螺栓和缸连接螺栓紧固

1—扳手;2—拉力计;3—定滑轮;4—地锚;5—叶片;6—转轮体;
7—缸体;8—吊环;9—拉力计;10—定滑轮;11—扳手

（10）转轮试验：

按图 1-34 布置油泵组、油罐,接好管路和阀门。

1）向油罐注油（油的牌号应符合设计规定,油质符合规定）,油量为转轮接力器充油量的 1.5～2.0 倍。

2）关闭排油阀 E,打开排气阀 D,通过阀 C 向转轮腔内注油,直至阀 D 有少许油冒出,即关闭阀 D,停止注油。

3）利用油泵组操作叶片开启和关闭,将叶片密封装置的压环螺栓均匀把紧。

4）利用油泵组向转轮腔内打压,压力从 0.0MPa 渐升至 0.5MPa,并保持在 (0.5±0.05)MPa,历时 16h,每小时操作

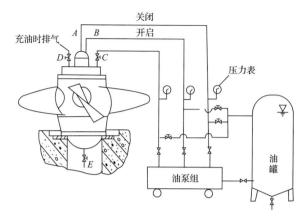

图 1-34　油压试验系统

叶片全行程开关 2～3 次,在整个保压过程中,要求各组合缝不得渗漏;叶片螺栓处不应有渗漏现象;每个叶片密封装置在无压力和有压力情况下均不得漏油,个别处渗油量不得超过表 1-15 要求;油温不应低于 5℃。

表 1-15　　　　每小时单个桨叶密封装置漏油限量

转轮直径 D/mm	$D<3000$	$3000\leqslant$ $D<6000$	$6000\leqslant$ $D<8000$	$8000\leqslant$ $D<10000$	$D\geqslant10000$
每小时单个桨叶密封漏油限量/(ml/h)	5	7	10	12	15

5) 利用油泵组操作叶片开启和关闭,要求接力器和叶片动作平稳;记录叶片开启和关闭的最低油压,一般不应超过工作压力的 15%;测量接力器活塞的全行程,应符合图纸要求;绘制接力器活塞行程与叶片转角关系曲线。

6) 配制环氧树脂,填平叶片密封装置的压环螺栓孔。

7) 拆除油压试验用管路和阀门。

(11) 焊接叶片螺栓防松挡块,焊接叶片法兰螺钉孔不锈钢堵板。堵板应与叶片表面平滑过渡。焊缝就应磨平,并进行外观检查。配装叶片吊孔堵板,打好记号,取下保存。

3. 转轮吊装

（1）利用厂房桥机吊装转轮，将转轮悬挂，见图1-35。在叶片下方，安装拆卸悬挂螺栓螺母需组焊简易角钢平台。

（2）调整轮轮中心、高程和水平。转轮调好后，应在叶片与转轮室间隙内对称打入楔子板，将转轮定位。

最后吊装主轴、支持盖等部件。

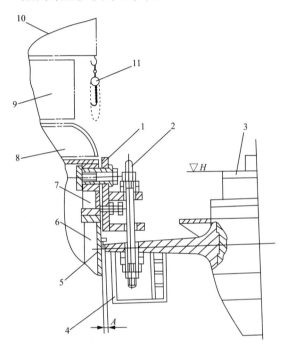

图 1-35 转轮安装

1—悬挂工具支座；2—悬挂螺栓；3—转轮；4—简易角钢平台；5—楔子板；
6—转轮室中环；7—转轮室上环；8—底环；9—导水叶；
10—顶盖；11—链式起重机

4. 受油器安装

（1）将受油器下节和上节解体，清理受油器部件。检查受油器浮动铜瓦的活动范围。

（2）将受油器转动油盆和固定油盆进行试套，检查梳齿密封的配合情况，测量转动油盆和固定油盆在接触时的间距。

（3）在罩座上法兰安装绝缘垫，吊装受油器下节，安装连接螺栓，连接螺栓应套入绝缘套管，螺母安装时应加绝缘垫。调整受油器水平度，把紧连接螺栓。

（4）安装转动油盆，把紧转动油盆和上端轴的连接螺栓。根据安装前试装的数值检查转动油盆和固定油盆梳齿密封的间距，其数值应满足设计要求。

（5）安装受油器上节，在浮动轴瓦套入操作油管时检查配合情况。

（6）安装转轮活塞位移标尺和位移传感器等附件。

（三）典型灯泡贯流式水轮机安装

灯泡贯流式水轮机主要包括以下设备的安装：

1. 导水机构安装

（1）装配流程。设备清点检查及安装场地清理→外导水环组装→外导环轴承安装→导叶插入外导水环→导叶臂、导叶销和端盖安装→吊具及内外导环支撑安装→导叶小（内侧）轴承安装→控制环及操作机构安装→导叶间隙调整→导水机构整体吊装→重锤装配及锁锭装置等其他附件安装。

（2）具体施工措施：

1）外导环组装：

① 按照外配水环进水口法兰直径的尺寸均匀布置 8 个钢支墩，用水准仪调平。使用桥机将外配水环的相邻 2 瓣吊放在钢支墩上（出水口向上），利用楔子板调平各瓣的出口法兰面，然后装上组合面橡胶条，对正骑缝销钉进行两瓣组合，对称均匀把紧组合螺栓，并检查组合缝的间隙和组合面错牙。

② 按上述方法组合另外 2 瓣及外配水环整体的拼圆组合。组合完毕后，按编号将外轴承座分别装入外配水环的 16 个轴孔内，然后按对称位置套入导叶，待 16 片导叶安装就位后，安装导叶臂、端盖等。

2）内、外配水环拼装。先将组装完成的外导环与导叶整体调离翻身位置，再将内导环放置在吊装中心点，法兰下部垫上木板进行保护，最后将外导环从上至下，缓慢地套在内导环之上（下法兰距地面距离与组装时相同）。利用桥机与千斤顶调整内导环高度，使其与外导环法兰面的高度差在设计值允许范围内，利用内径千分尺与钢琴线，调整内、外导环的同心度及中心偏差，使其保持一致，安装内、外导环的管子千斤顶和整体吊装工具，并把紧吊装工具的螺栓和顶紧支撑。导叶小（内侧）轴承安装，检查内侧轴承与轴承槽表面，对表面进行清理、修磨。用手拉葫芦及千斤顶调整导叶位置，用钢板尺检查导叶内侧轴承槽与内导环轴承孔相对位置，尽量使两者之间保持同心。在轴承与轴承槽表面涂抹润滑脂，利用内侧轴吊装工具缓缓地将轴承插入轴承槽内后，拧紧所有螺栓。

3）控制环组装及操作机构安装。将控制环的各部位清扫干净，用给定的扭矩把紧控制环组合面的连接螺栓，其滚珠槽不能有错牙。在外导环密封槽内装入橡胶密封条后，按照导水机构安装说明书中要求把8个管子千斤顶放置在外导环上以此来控制控制环与外导环法兰面的相对高差（初调时控制环装配位置略低于外导环法兰面）。全部关闭导叶，固定控制环在全关位置，使控制环上的全关记号与外导环上的记号一致，安装连杆机构等。

4）导水机构的吊装。吊装前在水轮机导水机构安装位置下方，搭设脚手架，并在工作位置铺上竹架板，用铁丝绑扎牢固。脚手架搭设要避开导水机构的安装位置。同时将安装中所用到的组合螺栓、拧紧工具、修补工具、气割设备、焊接设备等工具提前准备好后放置在脚手架上。根据图纸要求，安装导水机构整体起吊工具，将组装好的导水机构整体起吊并翻身，然后放入机坑内。导水机构在翻身和吊入机坑的过程中一定要保持吊装的平稳、缓慢。在与管型座对接时准备好木板，以减轻设备碰撞时的冲击力。利用桥机与手拉葫芦，先依据内导环上的定位标记，对正后穿入紧固螺栓（把合时螺栓先均匀布置,等定位后再穿入剩余螺栓)。然后按外壳体锥销孔粗略地确定外导环的位置,用内径千分尺测量内、外导环的间距,使内、外导环同心后旋紧内、外导环的法兰螺栓,把紧螺栓时,应确认密封条不会滑脱,内导环、外导环与管型座定位后并铰销孔。

2. 主轴及轴承组装

(1) 装配流程。清洗主轴及轴承→导轴承和反推力轴承装配→轴承支架装配→正推力轴承装配→水导轴承装配→吊装工具安装及主轴整体吊装→主轴轴线调整→附件安装。

(2) 具体施工措施:

1) 清洗主轴及轴承。开箱后清查所有零部件的到货情况,作好记录。对未到货的设备及时通知监理、业主及厂家及时发货。根据图纸及厂家作业指导书中要求,将设备拆分,用汽油清理各个组合面,并用抛光片、锉刀进行打磨,消除毛刺。清理完成后,检查各个标记是否清楚并对其数据进行校核,做好记录。对所有的螺栓孔螺纹进行回攻。

2) 导轴承和反推力轴承装配。将导轴承座反推力轴承安装面朝上,放置在安装间内,下部垫枕木,清除表面油污及毛刺。按照装配图纸要求,把反推力瓦下部支柱放到轴承座上,并装上油室盖,销钉。待 12 块反推力全部安装就位后,吊入假镜板,用塞尺检查每块瓦与假镜板之间的间隙差应小于 0.02mm。彻底清扫导轴承座及反推力轴承,并在这部分上加注润滑油后,拆除导轴承座连接螺栓,将导轴承分成两瓣。

3) 导轴承、导轴承座整体组装。将下瓣导轴承与轴承座放置在主轴下方导轴承轴颈位置,用千斤顶及道木顶起导轴承组合体,在顶起的过程中要尽量缓慢,保证两者之间不产生相对位移,以免高压油管扭曲。导轴承瓦面要与主轴紧贴,并且不产生上下蹿动。按照要求用塞尺检查导轴承与主轴间隙,左右间隙应分布均匀。将导轴承座上瓣部分包括反推力轴承放置在导轴承座下瓣部分上,用双头螺栓和螺母将其把紧,并用紧定螺钉锁定。

4）轴承支架安装。用支撑块支撑主轴中间部分，并移去主轴上游侧端的支撑块，将轴承支架从上游侧套入主轴上。在悬挂轴承支架到轴承座上之前，用千斤顶和支撑块支撑主轴上游侧。在轴承支架和导轴承座之间按照要求插入检验垫片，待轴承支架和轴承座靠近后，旋紧单独安装导轴承座的连接螺栓，橡胶垫要无间隙。

5）正推力轴承与轴承支座安装。对正推力轴承与支座开箱清洗，安装正向推力轴承的上弹性圆盘和支撑环，用螺栓固定并且用止动片锁定。安装推力轴承座外侧销，用止动螺钉锁定销。将已经安装了弹性圆盘的正向推力轴瓦装在油盖室上，用螺栓固定并且止动垫片锁定。将下弹性圆盘按照图纸位置安装在推力轴承座上，并安装油盖。

6）整体安装。彻底清理推力轴承座内部和正推力轴承瓦，接触面部位涂润滑油。将推力轴承座分为两瓣，将推力轴承座下瓣部分放置在主轴下面，用垫块和千斤顶调整轴承座高度，使其与主轴紧贴。在上瓣推力轴承座上安装组合环的两段，待推力轴承座装配到主轴上后安装组装环的剩下两段。提升推力轴承座的下瓣靠近上瓣，旋紧合缝面螺栓和双头铰制螺栓，装上结合面密封条，吊起推力轴承座，转动"O"标记面垂直向上，沿主轴向上游侧移动，将其装到导轴承座上。在下瓣推力轴承座上安装剩下的组合环。

7）水导轴承安装。把水导轴承装到主轴上并把紧合缝面螺栓。装配时，在下半块与主轴接触面上涂干净猪油，在轴瓦上表面和主轴之间垫入 0.5mm 紫铜垫，以防止在吊装的过程中水导轴承移动。

8）主轴吊装与调整。主轴在吊入框架时，在安装间内部调整主轴的方向，使其与水流方向垂直，进入机坑内部后，旋转 90°，使主轴的轴线方向与水流方向一致。在导水机构内导环内下游侧分左右两面布置手拉葫芦，在主轴移动工具进入轨道后，缓慢地将主轴沿着轨道向下游移动。主轴移动到位后，在主轴与轨道之间布置顶起工具（液压千斤顶），顶起主轴拆除移动工具,调整主轴的高度及位置,先穿入水导侧轴承支撑定位销钉螺栓并且打紧。然后再对轴承支架进行位置的调整。

9) 主轴轴线调整:

① 转轮、转子悬挂前的调整:

转轮、转子悬挂前对主轴轴线进行初步调整,具体步骤:在上游侧布置全站仪,在主轴中心安装一块铁板,定出主轴中心位置,并且做上钢性标记。利用全站仪测出主轴中心位置,对其进行调整。中心位置确定后,对正轴承支架与管型座上游法兰螺栓孔位置,穿入 1/3 螺栓并且拧紧,然后测量导轴承、推力轴承轴瓦与主轴、镜板之间的间隙。初步调整合格后,再装上正推力轴承支座。穿入剩余的轴承支架与管型座螺栓,按给定拧紧力矩打紧。经过反复调整后,还要对水导轴承侧的主轴中心位置进行测量校核,不符合要求还要对其进行调整。

② 转轮、转子悬挂后的调整:

转轮、转子悬挂后,由于其重量而引起的主轴发生弯曲,镜板产生一定的转角,因此,在转轮、转子悬挂后,必须对发导轴承座重新进行调整,使得发导轴承和主轴的接触面以及正、反推力瓦与镜板的接触面均匀接触。当根据主轴倾斜角安装导轴承座时,由于轴承支架与导轴承座之间上下尺寸不同,必须在它们之间安装调整垫片以调整导轴承座的角度。

安装推力轴承座安装台架,用扳手拆下推力轴承座与轴承支架的所有连接螺栓。用 2 台 5T 手拉葫芦将推力轴承座移至下游。在镜板下游侧表面按住一根水平尺,沿轴承支架上调整垫片安装位置用内径千分尺测量水平尺与轴承支架两表面间的距离,共测量 48 处。根据测量结果,每一处调整垫片的厚度即为该处测量值减去 48 个测量值中的最小值。旋松导轴承座与轴承支架连接螺栓,取下轴承支架与导轴承座之间的橡胶检验垫片,更换为钢垫和调整垫片,将导轴承座与轴承支架重新把紧。再次检查发导轴承与主轴间隙,导轴承座与轴承支架的间隙。在镜板下游面按紧一把水平尺，用内径千分尺复测水平尺与轴承支架两表面间的距离，共对称测量 8 个点，测量的最大值与最小值之差应小于 0.1mm。

3. 转轮安装

（1）装配流程。转轮体及其他部件的清理→安装叶片及叶片密封→安装耐压动作试验工具→注油→做耐压、动作试验→排油→拉伸叶片连接螺栓→吊装转轮→安装转轮室→调整转轮间隙（转轮室下瓣在转轮吊装前已临时吊装至机坑）。

（2）具体施工措施：

施工前检查转轮各部件表面，对其进行清洗及打磨，消除部件表面的油污及高点、毛刺。将转轮吊放在支墩上，安装试压盖板和堵头，以便进行压力试验。

1）安装叶片及叶片密封。将扭矩销和导向销安装至转轮体上，在枢轴上安装相应的 O 形密封圈。将 4 只 V 形密封圈套在已清理好的叶片轴头上，将叶片拉紧工具中的螺栓对称安装至枢轴的螺孔中。利用桥机及叶片吊装工具将叶片吊起，同时行走桥机大车、小车机构，用两台 5T 手拉葫芦调整叶片轴头端面和拐臂端面的平行度及传扭矩销的对应位置，然后按编号穿入叶片。拆除叶片拉紧工具和叶片导向销，拧入叶片螺栓（螺栓安装前应按编号进行试装）。在叶片螺栓内孔装入加热器按给定的拉伸值对螺栓进行拉伸。安装完第一片叶片后，利用钢管及 5T 千斤顶做好叶片的临时支撑，防止转轮倾倒。第二片叶片安装后也应做好临时支撑，第三片叶片安装后去掉临时支撑。

2）转轮耐压、动作试验：

① 按照厂家图纸安装好耐压、动作试验工具，在转轮体内充满油并安装好泄水锥盖板，按照图纸要求进行活塞缸压力试验、叶片密封试验以及转轮体压力试验，并做好相应的试验记录。在叶片密封试验过程中用压力油操作叶片使之转动。转轮接力器的动作应平稳，以每小时转动全行程 3 次为宜，在周围温度不低于 5℃情况下，叶片密封及其组合缝不

得漏油。开启和关闭油压不超过设计最低操作油压。在试验过程中应注意测量叶片全开全关的旋转角度,试验后测量叶片根部与转轮体间隙应满足图纸要求。

② 实验完毕后,排出转轮体内的油并将确认水封部分部件已安装。

3) 转轮吊装及联轴。将3个支墩按照3支转叶片中心位置均匀布置,然后将楔子板放置在支墩上并调平,按照主机厂图纸安装好转轮吊具及吊装用钢丝绳,安装完毕后同时起升主、副钩,然后缓缓落下副钩。副钩落下摘钩后,将转轮旋转180°,在翻身吊具上挂副钩。副钩挂好后缓缓起升直至转叶片与地面垂直,然后将转轮上游面挂在主钩上,上好锁定块,利用2台手拉葫芦将转轮调整水平,然后利用桥机吊入机坑与主轴连轴定位。当转轮吊装就位时,与主轴法兰面保持大约500mm的距离,连接轮毂供油管,垫上紫铜垫,然后焊止动块。转轮联轴时,用液压拉伸器按给定的伸长值拉伸螺栓,并焊接止动块。

4. 转轮室安装

(1)装配流程。转轮室下瓣安装→转轮室上瓣安装→转轮间隙的调整→定位销孔的钻铰→伸缩节法兰安装(转轮室下瓣在转轮吊装前已临时吊装至机坑)。

(2)具体施工措施。转轮室安装前清理外配水环下游法兰面、转轮室各组合面,去组合面除毛刺、高点及密封槽内杂物,清理完成后在外配水环的组合面上嵌入密封条。提起转轮室下半部(其已预先吊入机坑)将其临时安装到外导水环上,用千斤顶临时支撑其下游侧。清理转轮室组合面,在转轮室下半部分分瓣面上装入橡胶密封,吊下转轮室上半部分,组合时检查转轮室内侧与法兰处错牙,满足要求后把紧组合螺栓。把紧时由中间向两侧对称均匀把紧。用桥机主钩吊起整个转轮室,并松开下半部分与外导水环的连接螺栓。调整转轮室中心,以达到合格的转轮间隙,用千斤顶临时支撑其下游侧末端(做转轮间隙的盘车检查)将分瓣的伸缩节法兰分别吊到尾水管端面上,合缝面装入密封条后把紧。然后在平面上装入密封条后连接到尾水管上,拧紧伸缩节法兰时应将其顶起,使其与转轮室底部间隙为 0.00～0.02mm(为防止充水后转轮室下游端因水的重量而下垂)调整转轮间隙,找正转轮室,调整转轮间隙,使之在转轮外圆各处间隙均匀(在允许范围内)(无水时)。

（四）冲击式水轮机安装

典型冲击式喷嘴安装方法如下:

1. 喷嘴安装

喷嘴装配主要由喷针、喷嘴以及挡水板、偏流器等部件组成。

一般情况下,喷嘴精调在机组整体盘车完毕后,且机组转动部分处于实际运行位置时进行。

2. 喷嘴检查

（1）喷针行程试验:

1）安装测量架及配制管路,进行喷嘴的行程试验。

2）向喷嘴的开启腔通压力油,将关闭腔通回油桶内,当喷针不在移动时测量 L 值,记为 L1。

3）向喷嘴的关闭腔通压力油,将开启腔通回油桶内,当喷针不在移动时测量 L 值,记为 L2。同时用 0.02 塞尺检查喷针与喷嘴的间隙是否达到要求。如果没有达到要求进行喷针的调整,直到合格为止。

（2）喷嘴装配渗漏试验:

1）喷嘴接力器的关闭腔接压力油泵,开启腔接回油桶。

2）打开压力油泵,向接力器的关闭腔通入压力油,使喷针处于关闭状态,保持油压在工作油压不变,向喷嘴的过流面内倒水,保持 5min,检查喷嘴的出口处是否渗漏。试验结果应为无渗漏。

3. 喷嘴安装调整

（1）安装准备:

1）清扫并打磨配水环管法兰面,并检查其法兰面的垂直度,要求不能超过 0.20mm/m,如果无法满足其要求,就必须对法兰面进行打磨处理。

2) 安装调整转轮(模拟转轮),测量中心高程(A),并在调整转轮上做出明确标示。其误差不能超过±0.50mm。

安装喷针调整工具,在安装前,检查调整工具是否有变形或损坏。

(2) 喷嘴吊装。利用喷嘴起吊工具,依次吊装喷嘴。

(3) 喷嘴调整(见图1-36):

1) 安装调整工具,进行数据测量,计算得出需加垫厚度。

2) 按照计算加垫厚度,加垫装配后,继续测量。若不满足安装要求,按实测值重新计算后,加垫再进行测量,直至复合安装要求,计算出实际加垫厚度值。

3) 计算出的实际加垫厚度值最终成为调整垫的加工值。加工调整垫,回装。

4) 喷嘴调整合格后,同钻铰喷嘴管与机座法兰(配水环管法兰)的锥销孔。

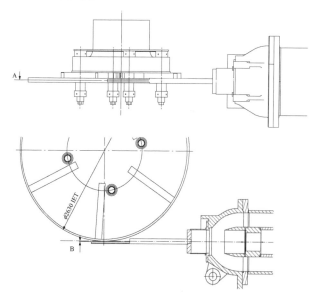

图 1-36 喷嘴调整数据检测示意图

4. 喷嘴安装质量控制要求(见表 1-16)

表 1-16 喷嘴安装质量控制要求

序号	质量控制点	允许偏差	测量方法
1	各组合缝间隙	小于 0.05mm	塞尺检查
2	喷嘴与测量圆盘径向距离	1mm	游标卡尺
3	喷嘴与测量圆盘轴向距离	1mm	游标卡尺
4	偏流器械与喷嘴中心距离	4mm	钢板尺

5. 控制机构安装

控制机构包括接力器和推拉杆、偏流器械操作杆和转臂等。

(1)接力器试验:

1)根据厂家要求进行接力器的解体清理,如厂家不要求解体清理,则仅进行接力器动作试验。接力器动作应平稳灵活且无任何卡阻现象。

2)由于偏流器是油压开启弹簧关闭,因此在接力器安装之前应当进行全开行程测定,向接力器开腔通压力油,等活塞不在移动时测量活塞杆的位置,比较 4 个喷针偏流接力器的行程偏差值应在制造厂的技术要求范围内。

3)行程试验后进行接力器严密性耐压试验,按 7.9MPa 压力,时间 30min 进行耐压试验,接力器无渗漏现象,活塞动作几次后,检查密封环与活塞杆处不允许有任何渗漏,接力器在动作时,应平稳灵活,无任何卡阻现象。检验合格后进行接力器安装。

(2)控制机构安装:

1)控制机构的安装应在接力器及折向器处于全关位置时进行。将推拉杆装配分别与接力器活塞杆和转臂进行连接,利用调节螺杆调整两销孔间距离符合设计值偏差不大于±1mm。合格后锁紧螺母。

2）调整合格后,检查偏流器械和喷嘴的相对位置正确,钻铰转臂与偏流器械轴的销孔,并配装分半键。同钻铰折向器轴定位轴承座与机壳内支持盖定位销钉孔,并装配定位销。

3）调整折向器与喷针行程的协联关系,使之符合有关技术要求。

（3）偏流器械控制机构安装质量控制要求详见表 1-17。

表 1-17   偏流器械控制机构安装质量控制要求

序号	质量控制点	允许偏差	测量方法
1	接力器水平度	0.10mm/m	框式水平仪在导管测量
2	接力器至机组中心	2mm	用钢板尺测量
3	接力器活塞全行程偏差	1mm	用钢板尺测量
4	接力器活塞高程	±1.5mm	水准仪测水量
5	偏流器械中心与喷嘴中心偏差	不大于 4mm	用钢板尺测量

第四节   调速系统安装

一、调速器的任务及分类

1. 水轮机调速器基本任务

机组在运行中,应根据系统负荷的变动不断调节水轮发电机组的出力,并维持系统的平率在规定范围内,在机组故障下,保证导叶安全关闭。

2. 调速器分类

按其结构原理分为机械液压调速器、电气液压调速器和微机调速器三种。

二、调速系统安装调试程序

调速系统施工流程图见图 1-37。

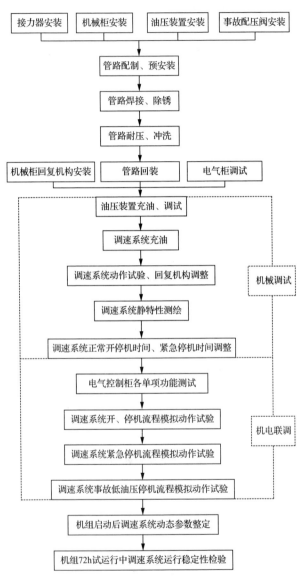

图 1-37　调速系统施工流程框图

三、调速系统安装调试

1. 调速系统设备安装

（1）油压装置安装：

1）清理油压装置安装基础，将油压装置就位，调整油压装置的垂直度和高程及方位合格后将油压装置和基础固定，浇筑基础混凝土。

2）对压力油罐、回油箱内部进行彻底清扫，清除内部的残油和污物等，不得遗留杂物和污物；检查内壁油漆情况，漆膜不得有起皮、脱落现象。

3）压力油罐进人孔封堵时必须按照设计规定安装密封垫或密封圈，螺栓应对称打紧。

（2）压力油罐附件安装。安装补气装置、油位计、压力表、压力传感器、安全阀等附件。

（3）回油箱设备安装。安装回油箱油泵、电机、控制阀组、油位计、呼吸器等，油泵和电机的联轴器应认真调整，使两者轴线一致，确保运行平稳。

（4）调速器机械柜安装。安装机械柜，调整机械柜的高程、水平、方位等参数，合格后将机械柜和基础固定，浇筑基础混凝土。

2. 调速系统管路安装

（1）安装流程：

1）在调速系统各设备定位后安装管路；

2）管路先进行预装，然后经焊接、内壁除锈、严密性耐压试验、冲洗等工序，最后进行正式安装。

（2）阀门检查。在安装前检查阀门开启和关闭的灵活性，对阀门做密封试验，试验不合格的阀门应对密封面进行检查和处理。

（3）管路配制：

1）调速系统管路的材质和管壁厚度应满足设计要求，管材应有合格证和材质证明；

2）根据系统设备位置和液压系统图配制管路，管路各管口的焊缝坡口按照规范要求修割和打磨，对接焊缝的间隙要满足设计和规范要求；

3）钢管和法兰的插接深度应满足规范要求；

4）管路配制时对焊缝应可靠点焊，点焊时不得烧损阀门的密封材料；

5）管路配制过程中，各截止阀、油阀的安装方向必须正确。

（4）管路除锈：

1）管路配制完成后对管路统一编号，拆除管路对焊缝进行焊接，对接焊缝采用单面焊接双面成型的工艺，管路和法兰焊接的焊脚要满足要求；

2）焊缝封底焊后，对焊缝进行着色探伤，不得有焊接缺陷；

3）焊接完成后，对焊缝进行着色探伤，不得有焊接缺陷；

4）对管路内壁进行除锈。

3. 管路耐压试验和冲洗

（1）对完成焊接和内壁除锈的管路使用白布等对管路内部进行清扫，以白布通过管路后无脏物为止，然后根据工作压力做严密性耐压试验，进一步检查焊接质量；

（2）管路耐压检查完毕后，使用滤油机将管路内部灌满油并强迫油循环，进一步清洗管路内部。管路冲洗直到滤油机滤纸经过一段时间循环后仍保持洁净为止；

（3）将管口可靠封堵，准备正式安装。

4. 管路回装

按照编号回装管路，在回装过程中必须注意对管口的保护，防止造成二次污染。

5. 油压装置调试

（1）回油箱注油。油的牌号应满足设计要求，注油时应使用滤油机注入。

（2）油压装置油泵试运行：

1）油泵试运行条件：

① 油泵吸油管内无杂物；

② 回油箱油位达到设计高度；

③ 油泵和电机联轴器安装合格；

④ 油泵电机三相电阻平衡；

⑤ 油泵电机绝缘良好；

⑥ 油压装置至控制盘的动力电缆和控制电缆敷设、查线完毕，控制盘柜调试完成；

⑦ 观察和调整油泵排油压力的压力表已装好。

2）空载试验：

① 打开油泵排油管至回油箱的连通阀门，点动油泵，检查油泵的转向是否正确，如果油泵转向相反，改变控制盘或电机的接线。

② 启动油泵，观察油泵电机的电流是否正常，检查油泵运转是否平稳、有无异常的声音和振动，观察回油箱内的油流情况。如果发现异常情况应立即切断电源，查明原因并做相应的处理。

③ 油泵运行正常后，做空载试验。油泵在整个空载试验时间内应无异常情况。

3）负载试验。调整油泵排油阀门的开度或调整油泵控制阀组的卸载阀，改变油泵出口的压力，使油泵分别在 25％、50％、75％、100％工作压力下运行，观察油泵电机的电流是否正常，检查油泵运行是否正常。

4）控制阀功能试验：

① 启动油泵，检查空载启动阀的动作情况。

② 停止油泵，检查止回阀动作情况。

③ 启动油泵，将油泵出口压力缓慢调高，检查安全阀的动作压力是否正确。

在试验过程中，如果控制阀动作不正常应查明原因并做相应的处理。

5）压力油罐充油：

① 启动油泵，向压力油罐充油，通过油位计观察压力油罐的油位，通过压力表监测压力油罐的压力。

② 压力油罐油位充到设计值时停止充油。

在充油过程中监视回油箱油位，根据油位变化情况及时向回油箱注油。

6) 压力油罐补气装置调试:

① 分别用手动和自动方式向压力油罐补气,检查各阀门的动作情况和密封情况。

② 将压力油罐的压力升至工作压力。

7) 油压装置自动运行试验。将油压装置置于自动位置,通过人为放油和放气的方法降低压力油罐的压力和油位,调试以下功能:

① 在压力下降时检查主油泵自动启动的功能和启动压力。

② 在继续下降时检查备用油泵自动启动的功能和启动压力。

③ 在压力上升后检查油泵自动停止功能和停泵压力。

④ 检查事故低油压继电器动作压力。

⑤ 检查压力油罐压力过高报警功能。

⑥ 检查压力油罐油位过高和过低报警功能。

⑦ 检查补气装置自动补气的功能。

⑧ 检查回油箱油位过高和过低报警功能。

6. 调速系统充油和调试

(1) 在调速系统充油条件:

1) 导叶接力器和控制环连接完毕,控制环和导叶连接完毕,各处障碍物已清除,水轮机部分具备动作条件。

2) 油压装置具备自动运行条件,油位满足设计要求。向回油箱补油的条件具备。

3) 调速系统供排油管路安装完毕,回复机构安装完毕。

4) 漏油箱安装完毕,管路安装完毕,自动运行调试已经完成,具备使用条件。

(2) 调速系统首次充油:

1) 调速系统首次充油时压力油罐压力应接近 50% 额定工作压力。

2) 在导水机构、导叶接力器、油压装置、调速系统管线、漏油箱等处指派人员进行监护,撤离危险部位的所有人员。

3）一切准备就绪后，打开所有排油管路上的阀门，打开机械柜控制油管路阀门，使机械柜各控制元件开始正常动作，防止系统紊乱。

4）缓慢打开机械柜进油主阀，向调速系统充油，充油速度要慢。

5）如果发生异常的漏油现象或发出异常的振动时应立即停止充油，待问题处理完毕后重新充油。

6）在充油过程中随时监视压力油罐的压力和油位、回油箱的油位，如果发现异常快速的压力下降和油位下降必须立即通知指挥人员停止充油。

（3）调速系统排气。调速系统首次充油完成后，检查压力油罐压力和油位以及回油箱的油位正常后，操作调速柜，来回动作导叶接力器，排出系统中的空气。

（4）回复机构检查。检查反馈杠杆的角度等，接力器在中间位置时机械柜主平衡杠杆应水平、开度应为50%，根据偏差情况做必要的调整。

（5）绘制导叶的静特性曲线：

1）静特性曲线分别从开、关两个方向测量。

2）分段打开导叶，同时记录机械柜开度、导叶接力器行程、导叶开口尺寸。试验时应一直向打开方向动作，不得反复。

3）分段关闭导叶，同时记录机械柜开度、导叶接力器行程、导叶开口尺寸。试验时应一直向打开方向动作，不得反复。

4）绘制导叶的静特性曲线。

（6）调速系统开停机时间调整：

1）调整机械柜相关元件，使导叶接力器全开和全关时间满足设计要求，对调整元件进行加工，锁锭机械柜辅助接力器上、下行程位置，从而固定导叶接力器正常开、关时间；

2）调整机械柜相关元件，使导叶接力器紧急关闭时间满足设计要求，对调整元件进行加工，锁锭辅助接力器关方向到最大行程位置，从而固定紧急关闭时间；

3）调整相关元件，使两段关闭的慢关时间满足设计要求；

4）调整相关元件，使两段关闭的投入点满足设计要求；

5）检查紧急关机总时间和关闭曲线是否满足设计要求，根据情况做必要的调整。

（7）调速系统机电联调：

1）功能试验。调速器功能试验包括以下内容：

① 各电磁阀电气操作动作试验；

② 锁锭装置电气操作动作试验，检查动作情况和位置接点是否正确；

③ 位移传感器参数整定；

④ 开关导叶试验；

⑤ 紧急停机试验；

⑥ 事故配压阀动作试验。

2）工作流程模拟动作试验：

① 将调速器置自动位置，由监控装置发令，做开停机流程模拟动作试验和紧急停机流程模拟动作试验；

② 将调速器置自动位置，做事故停机试验；

③ 将调速器置自动位置，采用人工方法降低压力油罐，做事故低油压模拟动作试验。

所有试验动作过程应正确，动作点应正确，否则应对有关接点等进行调整，确保调速系统动作的可靠性。

（8）调速系统动态调试。在机组试运行过程中，完成以下试验和参数整定：

1）做调速器手、自动切换试验，检查切换过程是否稳定；

2）做空载扰动试验，观察调速系统过渡过程，求取调速系统最佳运行参数；

3）模拟电气事故，做事故停机试验；

4）做紧急停机试验，检查调速系统运行的可靠性；

5）做机组带负荷试验，观察调速系统稳定运行的能力；

6）做甩负荷试验，检验调速系统的速动性，检验调速系统关机规律是否满足调保计算的要求；

7) 在 72h 试运行期间观察调速器稳定运行的能力,观察电液转换器是否有抽动现象。

7. 质量控制点和保证方法(见表 1-18)

表 1-18　　　　　质量控制点和保证方法

序号	质量控制点	允许偏差	保证方法
1	压力油罐和回油箱中心	5mm	全站仪测量
2	压力油罐和回油箱高程	±5mm	水准仪测量
3	回油箱水平度	不超过 0.2mm/m	水准仪测量
4	压力油罐垂直度	不超过 2mm/m	挂钢琴线测量
5	事故配压阀中心和高程	±10mm	水准仪测量
6	事故配压阀法兰水平度	不超过 0.15mm/m	框式水平仪测量
7	油泵和电机中心	0.10mm	盘车测量
8	油泵和电动机中心倾斜	不超过 0.2mm/m	塞尺检查
9	油压装置压力整定值	±2%设计值以内	用标准压力表测量
10	油泵试运转	满足设计要求	
11	调速系统油质	满足设计和规范	合格证,油样分析证明
12	调速器柜中心	5mm	全站仪测量
13	调速器柜高程	±5mm	水准仪测量
14	调速器柜水平度	不超过 0.15mm/m	框式水平仪测量
15	回复机构接座水平度	不超过 1mm/m	框式水平仪测量
16	导叶接力器指示值	不大于 1%全行程	钢板尺测量
17	导叶紧急关闭时间	±5%设计值以内	秒表测量
18	事故关闭导叶时间	±5%设计值以内	秒表测量

第五节　球　阀　安　装

1. 球阀安装程序(见图 1-38)

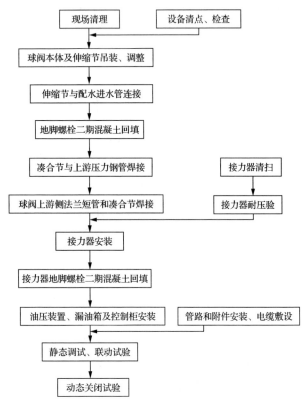

图 1-38　球阀安装程序

2. 球阀安装

（1）球阀组装：

1）球阀一般为分瓣到货，在安装间进行组装。由于球阀本体较重，组装时应在安装间搭设专用平台，将球阀重量尽可能分散到承重梁、柱上，避免对水工建筑物造成损伤。

2）根据厂家编号及厂家图纸依次进行组合。根据图纸要求进行螺栓受力把合。

（2）球阀安装：

1) 球阀本体吊装。在球阀地脚螺栓二期混凝土预留坑两侧设置安装用钢支墩,支墩强度应能够满足支撑球阀重量的要求,使用起重机起吊球阀本体并放置在安装支墩上,调整球阀与钢管的相对位置,球阀法兰面应垂直,球阀阀板操作轴应水平,调整时还要综合考虑球阀轴线和配水环管连接管轴线的偏差。

2) 伸缩节安装。吊装伸缩节和球阀本体连接。估算球阀上游侧法兰短管和钢管焊接时焊缝的收缩值,查有关焊接手册找出根据焊缝坡口形式按照较厚板在自由状态下焊接的理论收缩量,再考虑焊缝间隙不均的影响,估算收缩值为理论收缩值加 1~2mm,将伸缩节的调节余量留出。

3) 球阀地脚螺栓二期混凝土浇筑。

4) 凑合节安装。根据球阀上游法兰短管与上游钢管间距进行凑合节配割,将焊缝距离留出。进行凑合节与钢管焊接。

5) 球阀上游侧法兰和凑合节焊接。使用临时方法将球阀打开,焊接球阀法兰短管和钢管的焊缝,焊接采用对称焊接、小电流、小摆幅工艺,每焊完一层,检查球阀法兰的位置变化,检查时应考虑温度不匀对测量结果的影响,当变形超标时适当调整焊接顺序和工艺,对焊接变形进行调整,焊接完成后焊缝冷却至环境温度时球阀法兰的位置参数应满足规范要求。焊缝冷却至环境温度 24h 后做焊缝的无损检测,不应有焊接缺陷。打紧球阀地脚螺栓,螺栓应可靠固定,螺栓杆应垂直,露出的螺杆长度应满足要求,为了球阀检修的需要,地脚螺栓和球阀基础板槽形螺栓孔之间应在上游侧留出活动余量,保证球阀检修时可以不受地脚螺栓的限制向下游侧移动。

6) 安装充水平压旁通管、排水管、排气阀等附件。球阀平压充水旁通管控制阀、配水环管排水控制阀安装之前均应进行强度及严密性试验,配水环管排气阀在安装之前做煤油渗透试验,试验合格后方能用于安装。

7) 敷设控制电缆和动力电缆。

（3）接力器安装：

1）在安装间将接力器清扫拆洗干净后，用干燥的压缩空气动作接力器活塞，测量接力器的全行程应符合设计图纸尺寸。两个接力器全行程的差值不应超过 1mm。

2）在安装间做接力器耐压试验，试验合格后进行接力器的安装，接力器应在球阀全关状态下安装。

3）将球阀锁定到全关位置，接力器吊到接力器基础上，穿入地脚螺栓。

4）调整接力器的中心及高程。

5）连接接力器与球阀连杆，穿入连杆销锭。

6）调整完毕后打紧接力器基础与接力器底座把合螺栓，钻铰定位销钉孔，安装定位销。混凝土回填地脚螺栓。

（4）球阀检修密封与工作密封检测。将球阀打到全关位置，向球阀检修密封接力器关闭腔内通入压力油，确认检修密封处于关闭位置后，用塞尺检测密封环与阀板间隙，0.05mm 塞尺应不能通过。用相同的方法检测球阀工作密封与阀板的配合情况。

（5）油压装置及其辅助部件安装：

1）油压装置安装。清理油压装置安装基础，将油压装置就位，调整油压装置的垂直度、高程及方位，合格后将油压装置和基础固定，浇筑基础混凝土。对压力油罐、回油箱内部进行彻底清扫，清除内部的残油和污物等，压力油罐进人孔封堵时按照设计规定安装密封垫或密封圈，螺栓对称打紧。

2）压力油罐附件安装。安装补气装置、油位计、压力表、压力传感器、安全阀等附件。

3）回油箱设备安装。安装回油箱油泵、电机、控制阀组、油位计、呼吸器等，调整油泵和电机的联轴器轴线一致，确保运行平稳。

4）球阀控制机械柜安装。安装机械柜，调整机械柜的高程、水平、方位等参数，合格后将机械柜和基础固定，浇筑基础混凝土。

5）配置油管路。按照调速系统管路配置工艺配置管路。

（6）球阀调试：

1）检查电气元件绝缘情况，检查配线正确性，向球阀控制箱送电。

2）手动操作电气控制元件，检查球阀开启和关闭的动作情况，检查限位开关、锁锭机构的动作情况。

3）调整节流阀，整定球阀开启和关闭的时间。

4）做球阀自身控制系统和机组监控系统的联动试验。

5）在机组启动试运行过程中，做紧急关机试验，检查球阀控制流程实际的动作情况。

第六节　蝶　阀　安　装

1. 蝶阀安装程序

蝶阀安装程序见图 1-39 所示。

2. 蝶阀安装

（1）蝶阀上游侧延伸管安装：

1）根据已确定的蝶阀安装位置，设置基准线。

2）按设计图纸，参照蝶阀阀体、上游延伸管、伸缩节各部尺寸测量值配割压力钢管出口断面，并打磨处理。配割时控制管口垂直度和安装基准线（蝶阀室纵轴线）平行度。

3）将上游延伸管吊入阀坑就位临时支撑上，用千斤顶和倒链对上游延伸管进行调整，必要时重新修磨上游延伸管与压力钢管焊缝，使其出口法兰面垂直度、与安装基准线平行度及上游延伸管与压力钢管焊缝间隙和错口满足要求，合格后支撑固定。

4）将蝶阀吊装就位，把紧上游延伸管与蝶阀进口法兰连接螺栓。测量检查法兰面间隙和蝶阀中心、高程和法兰面垂直度合格后，焊接上游延伸管与压力钢管焊缝。

（2）蝶阀安装：

1）蝶阀清扫、检查及耐压试验。蝶阀倒运进场后，用桥机卸车，放置在安装间卸货平台上进行清扫、检查，并根据设备厂家的技术要求对蝶阀做相应的渗漏试验。

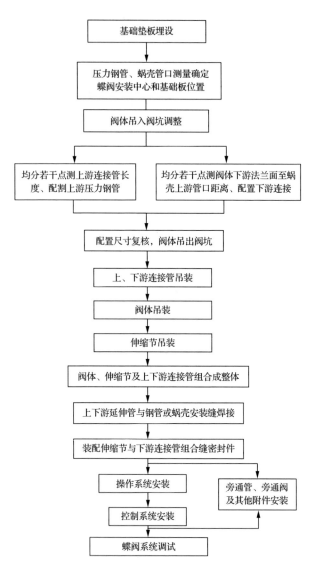

图 1-39　蝶阀安装程序图

2）上游延伸管就位调整工作结束后，将蝶阀吊入阀坑，就位于支墩基础板上。

3）调整蝶阀安装空间位置，把合蝶阀进口与上游延伸管法兰连接螺栓。测量调整法兰结合面间隙和蝶阀中心、高程和法兰面垂直度，使其符合设计和规范要求。合格后焊接上游延伸管与压力钢管焊缝。

4）浇筑球阀基础二期混凝土，经过养护后，适当拧紧地脚螺栓。

（3）伸缩节安装：

1）上游延伸管与压力钢管焊缝焊接完成后，测量蝶阀出口法兰与蜗壳延伸段进口断面管口之间的距离，根据已测得的伸缩节尺寸和伸缩缝要求，初步配割蜗壳延伸段进口断面管口满足伸缩节吊装要求。

2）将伸缩节吊入阀坑，就位于临时支撑上，在厂房桥机的配合下，把和伸缩节与蝶阀连接法兰螺栓，调整伸缩节与蜗壳延伸段焊缝错牙，根据伸缩缝要求，同时考虑焊缝焊接收缩量，修配伸缩节与蜗壳延伸段焊缝，使焊缝间隙符合要求。复核检查各连接部位间隙和错牙、伸缩节延伸缝尺寸以及蝶阀阀座与基础板间隙合格后，焊接伸缩节与蜗壳延伸段焊缝，焊后复测伸缩缝尺寸应满足设计和规范要求。

（4）蝶阀密封安装：

1）将伸缩节拆卸吊出阀坑，放置在卸货平台。松开上游延伸管与蝶阀法兰连接螺栓，在桥机的配合下，安装上游延伸管与蝶阀法兰间密封，密封安装后，对称紧固法兰连接螺栓，螺栓紧度满足设计要求，检查法兰面间隙符合规范要求。

2）回装伸缩节，在伸缩节进入阀坑就位时，安装伸缩节与蝶阀和蜗壳延伸段法兰面间密封，然后对称紧固法兰连接螺栓，螺栓紧度、法兰面间隙符合要求。

3）松开伸缩节组合密封装配，清扫检查组合面应干净、光洁、无毛刺，装上组合缝密封件（密封件应在装配前配制检查完毕）。装配并按要求对称拧紧组合螺栓，检查组合缝间隙应符合要求。

(5) 接力器及操作机构安装：

1) 操作机构各部件在卸货平台进行清扫检查，做相关试验。

2) 按图纸要求安装转臂。

3) 在接力器清扫干净做完耐压试验后，将接力器吊入阀坑，在蝶阀处于全关位置时，与转臂连接调整就位。接力器底座的安装，应根据蝶阀在全关位置时，转臂连接销孔的实际位置来确定。接力器与转臂连接时，必须保证活塞与缸盖紧贴。

4) 接力器安装调整好后，浇基础二期混凝土。浇混凝土时应严格控制浇筑速度，监视设备位移，并严禁碰撞设备。

5) 按图纸要求连接蝶阀操作机构与蝶阀油压装置间的操作油管路。

(6) 旁通管及旁通阀等附件安装。按图纸要求对旁通管及旁通阀等附件进行配割开孔，然后按要求安装旁通阀及空气阀，安装时要注意安装方向，安装自动化元件并完成相关试验工作。

(7) 油压装置及调速系统安装调试：

1) 油压装置是供给调速器操作所需压力油的能源设备，它的安装依据设备厂家提供的设计原理图，依次进行液压油站、油泵及其附件管路的安装；

2) 油压系统安装完成后，进行油压装置密封性试验及总漏油量测定，油泵试运行及输油量检查，各种安全阀及仪表的校验；

3) 调速系统包括调速器、电气柜、操作管路及其他附件，调速系统的安装、调试应配合油压装置的安装调试进行。

(8) 蝶阀系统调试：

1) 蝶阀操作系统安装工作结束之后，进行分部试验调整。

2) 将蝶阀油压装置清扫干净后，进行注油，油泵运行调试等。

3) 按厂家图纸和技术文件要求，对蝶阀进行密封性能试验。

4）在无水工况下，通过操作系统对蝶阀进行动作试验，检查工作情况是否正常，操作程序是否正确。调整开启和关闭时间。

5）在有水工况下对蝶阀进行动作试验，可先进行手动，然后进行自动，检查工作情况是否正常。

6）蝶阀的动水关闭试验在试运行时按设备厂家及业主的要求进行。

第七节　电站消防系统安装

电站消防系统包括所有消防系统埋设及明装管道及附件、阀门（包括雨淋阀等）、消火栓、灭火器等设备及管路的自动化元件、报警及控制系统的供货与安装调试。消防系统安装现场施工验收合格后，应报当地消防主管部门进行现场验收。

1. 消防系统设备的安装

（1）消火栓安装：

1）消火栓箱在安装前按施工图纸规定检查所购设备规格、型号、消防产品生产合格证等应符合要求。外观检查，设备无碰撞变形和其他机械性损伤，接口螺纹和法兰密封面无损伤。

2）对于暗装或半暗装的消火栓箱，其预留孔洞的尺寸应符合图纸要求。

3）室内消火栓箱安装应牢固，消火栓栓口应朝外，栓口中心距地面为 1.1m。配套的水龙带和水枪挂装应整齐，各零件应齐全可靠。

4）室外消火栓安装按施工图纸和相关施工图集进行。

（2）消火器材安装：

1）所有手提式灭火器均应放置在专用灭火器箱内或与消火栓箱使用的灭火器箱内，其设置高度，顶部离地面不大于 1.5m，底部离地面不小于 0.15m。

2）所有推车式灭火器按施工图纸要求进行摆放。

3）每个砂箱应配置铁锹和盖板。

4）防毒面具应放置在专用箱内。

2. 管路安装

（1）埋设管路安装：

1）根据混凝土的分层、分块情况及混凝土的浇筑进度，将管道按从下到上的顺序分段埋设。

2）管道在埋设前，检查、核实其材质和规格应与设计图纸相符。管道表面无明显的锈蚀、无油漆、油渍，内表面无杂物。

3）每段管道的端口应伸出混凝土面不小于 300mm，其位置偏差应不大于 10mm。管口距混凝土墙面，一般不小于法兰的安装尺寸，且应有可靠的封堵。埋设的穿墙套管的两端可与混凝土墙面平齐或略伸出混凝土墙面。

4）管道穿过混凝土伸缩缝时，其过缝措施符合设计要求。

5）管道在埋设符合施工图纸技术要求后要支撑牢固并可靠地固定，以防止在浇筑混凝土期间发生位置偏离。管道的支撑不允许与侧面的模板连接，不允许在管道上搭焊钢筋用来支撑和固定模板或混凝土钢筋。

6）施工期间，每段管道的端口应进行可靠的封堵。大口径管道用钢板进行封堵，小口径管道用螺纹旋塞进行封堵。不允许用木块或布质封堵物进行封堵。

7）在管道的端口应按要求做好标记。在施工期间保护埋设的管道不受到损坏，如压弯、折断、管端封堵物破坏等。埋设的管道不允许作为其他的用途使用。

8）预埋管路在埋入混凝土以前，进行压力试验，试验按1.25 倍实际工作压力进行严密性耐压试验，保持 30min，无渗漏及裂纹等异常现象。

9）埋管在混凝土浇筑前，压力试验和渗漏试验符合要求后，及时提交验收资料。

（2）明管安装：

1）管道支（吊）架安装。按施工图纸尺寸要求，确定起始支、吊架的安装尺寸和标高，中间管道支、吊架采用拉线法控制，使其在同一平面上，其间距应符合施工图纸尺寸或规范要求。管架定位后与墙壁埋板点焊，用水平尺进行调平后完成全部焊接。若采用锚固法，应按支架位置划线，进而定出锚固件的安装位置，膨胀螺栓选用及钻孔深度应符合要求。

2）管道吊装。管道预制件吊装前将管内清理干净，选用的吊装机具应通过计算进行选择，并满足吊装要求。吊装时要平稳，就位在管架上要及时固定。安装的管道标高、方位、坡度应符合设计要求，环状焊缝要与管架错开（符合施工图纸或规范规定）。

3）管道连接。水平管平直度、立管垂直度、成排管道间距允许偏差应符合设计图纸及规程规范要求。法兰连接时应保持平行，其偏差应符合要求。紧固前应检查其密封面，铁锈、油污、焊渣等要清理干净，不得影响密封性能。安装过程中不得用强力紧固螺栓的方法消除歪斜。法兰连接保持同心，并保证螺栓自由穿入。法兰连接使用同一规格螺栓，安装方向一致，紧固螺栓对称均匀，松紧适度，紧固后外露长度为 2～3 个螺距。管道与钢制法兰的焊接均采用内外焊接，且内焊缝高度不得高于法兰工作面。丝扣密封的螺纹连接其管螺纹加工应有锥度，表面光滑，断丝或缺丝不得超过丝全长的 10%，螺纹接头在各螺纹处缠聚四氟乙烯或涂密封膏，接头表面应清理干净，先用手拧入 2～3 扣，再用工具拧紧。焊接连接按焊接有关要求执行。

4）阀门安装。按设计要求核对所有阀门的规格、型号和主要控制尺寸，检查合格证书、质量证明、试验证明等。对工作压力在 1MPa 以上的阀门和 1MPa 以下的重要部位的阀门按 1.25 倍实际工作压力进行严密性耐压试验，保持30min，无渗漏现象。阀门在关闭状态下安装。对有方向要求的阀门，应注意其方向不能倒装，其操作机构方向应符合要求。

3. 管道的防护

浇筑混凝土时预埋进混凝土的金属构件、管道附件均应牢固地固定在正确位置并加以保护,以免受到损伤。浇筑期间,仔细保持所有管道和配件洁净,为防止在施工期间堵塞管道,管道开口端应采用合适的堵头封堵。

4. 管道试验

(1) 压力管道安装完毕后,在未全部回填(若埋设在混凝土中,则不得回填)以前,按设计图纸和相应的规范要求,会同监理工程师对管道进行强度和严密性试验,管道强度和严密性试验采用水压试验法;

(2) 当试验过程中发现泄露时,应进行消缺,然后重新试验;

(3) 向监理工程师提交完整的管道试验记录。

5. 管道的清洗和防腐

(1) 水压试验竣工验收前,管道的吹扫、清洗工作根据施工图纸的要求进行。给水管道在吹扫和冲洗前,按照设计要求编写施工措施并报送监理工程师同意进行施工。冲洗后作成果记录递送监理。管道用水冲洗,以流速不小于 1.0m/s 的冲洗水连续冲洗,直到出口处的浊度和色度与入口处相同为合格。

(2) 管道的防腐工作在安装前完成,连接部位则在水压试验合格后进行。

(3) 施工前应清除表面铁锈、焊渣、毛刺、油污和水污等。

(4) 埋地及明敷钢管道防腐均按施工图纸和生产厂使用说明书的规定,进行防腐施涂作业。明管面漆颜色按 GB/T 8564—2003 中的规定执行。

第二章

发电机安装及附属设备安装

第一节　概　　述

水轮发电机是将水轮机旋转的机械能转换成电能的设备,是旋转电机中的三相同步发电机。

一、水轮发电机的分类、型号及结构

1. 水轮发电机、发电/电动机的分类

(1) 按水轮发电机组轴的布置方式,分为立式与卧式发电机。

(2) 立式水轮发电机按推力轴承的位置不同,分为悬吊式与伞式两种,伞型发电机又分为全伞式和半伞式。

(3) 按水轮发电机冷却方式的不同分为以下三种:

1) 空气冷却发电机。又分为密闭式自循环空气冷却、管道式空气冷却、空调冷却;

2) 水冷却发电机。使用纯水通入发电机定子及转子线圈进行冷却,称为双水内冷发电机,只对定子线圈水冷的称为半水内冷发电机;

3) 蒸发冷却发电机。在定子线圈的空心导体中通入冷却介质对定子线圈进行自循环蒸发冷却。

(4) 按电机的运行工况分为发电机和发电/电动机,发电/电动机用于抽水蓄能电站。

2. 发电机的型号

发电机的型号由型式、容量、磁极个数和定子铁芯外径四部分组成,主要表示方法见图 3-1。

3. 水轮发电机、发电/电动机的结构

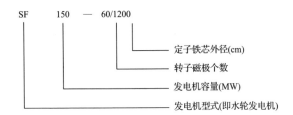

图 2-1　发电机的型号表示方法

水轮发电机结构设计中首先碰到的问题是总体布置形式的选择。总体布置形式有卧式和立式。通常小容量水轮发电机多采用卧式,而大中容量的水轮发电机则采用立式。

(1)立式发电机结构。

推力轴承位于转子上部的发电机称为悬吊式发电机,推力轴承位于转子下部的发电机称为伞式发电机。无上导轴承的伞式发电机称为全伞式发电机,有上导轴承的伞式发电机称为半伞式发电机。

20世纪60年代以前,国内一般认为伞式发电机的推力轴承位于转子下部,安装维护都不方便,或者担心其运行稳定性差,所以虽然伞式机组具有重量轻、起吊高度小等优点,但在我国早期制造的水轮发电机中却很少采用,特别是转速稍高的机组更是避免选用。然而随着单机容量的增大,机组尺寸和重量也不断增大,伞式(半伞式)结构的优点越来越显著。

采用伞式(半伞式)结构可以大大减轻上机架的重量,而且便于采用分段轴结构(即所谓"无轴"结构)。

立式水轮发电机通用的结构型式有:

1)三导悬式结构。机组具有推力轴承、发电机上导轴承、发电机下导轴承和水轮机导轴承(共3个导轴承)的悬式结构。

2)二导悬式结构。机组具有推力轴承、发电机上导轴承和水轮机导轴承(共 2 个导轴承)的悬式结构。

3)三导半伞式结构。机组具有发电机上导轴承、发电机下导轴承、推力轴承(或和下导轴承组合在一油槽中的推导轴承)和水轮机导轴承(共 3 个导轴承)的半伞式结构。

4)二导半伞式结构。机组具有上导轴承、推力轴承和水轮机导轴承(共 2 个导轴承)的半伞式结构。

5)二导全伞式结构。机组具有推力轴承、发电机下导轴承和水轮机导轴承(共 2 个导轴承)的全伞式结构。

(2)卧式发电机结构。

卧式发电机的特征是容量小、转速高、外形尺寸小、结构紧凑,部件多从制造厂整体到货。因此机组在安装时组装工作较少,仅对大件进行必要的清扫、检查和测量后即可总装。

卧式发电机一般有二部导轴承,水轮机有一部导轴承,另有双向受力的推务轴承;但也有发电机和水轮机各一部导轴承加推力轴承的二导结构卧式机组。

(3)发电/电动机的结构。一般均为立式发电机,故其结构与其他常规立式机组相同。对于可逆式发电/电动机,因为具有双向运行的特点,要求推力轴承及转子结构在正、反两个方向运行时,能够同样建立起可靠的楔形油膜及鼓风量。

第二节 安 装 流 程

一、悬式水轮发电机安装程序

(1)基础埋设。主要有下风洞盖板的基础件,下机架及定子基础垫板,制动器基础垫板,上机架千斤顶基础垫板等。以上基础件的预埋与混凝土浇筑配合进行。

(2)定子安装。在定子机坑内组装定子及下线,调整中心、高程、水平,安装空气冷却器等。为减少与土建及水轮机安装的干扰,也可在机坑外进行定子的组装及下线,待下机架吊装后,将定子整体吊入找正。

（3）吊装下部风洞盖板。待水轮机大件吊入机坑后，吊装下部风洞盖板，按水轮机主轴中心找正和固定。

（4）下机架安装。把已经组装成整体的下机架吊置在基础上，按座环中心或水轮机主轴中心找正并调高程及水平，浇筑基础混凝土。并按总装要求调整制动器顶部高程。

（5）转子安装。在安装间组装转子，将组装好的转子吊入走子，按水轮机主轴中心、高程、水平进行调整；检查发电机空气间隙，校核定子中心，浇筑定子基础混凝土。

（6）上机架安装。将已经组装好的上机架吊放于定子上，按发电机主轴调整中心、高程及水平并固定。上机架安装也可在转子吊装前将组装好的机架吊在定子上预装，以水轮机主轴中心为准找正机架中心和高程、水平，同定子机座一起钻、铰销打孔，然后将上机架吊出，待转子吊入定子后再吊入，按定位销孔位置将机架固定。

（7）推力轴承安装。吊装推力轴承座，调整镜板高程及水平，推力头安装，推力头与镜板连接，将转子落到推力轴承上，初步调整推力轴承受力，发电机单独盘车，调整发电机轴线，测量和调整法兰盘摆度。

（8）发电机主轴与水轮机主轴连接。

（9）机组整体盘车。测量和调整机组总轴线。

（10）推力轴承受力调整。

（11）转动部分的调整和固定。安装各导轴承瓦，按水轮机迷宫环间隙调整并固定转子中心位置，确定各导轴瓦的间隙，检查转动部分与固定部分的各部间隙，安装推力轴承油冷却器及挡油板。

（12）附件及零部件的安装。集电环、梯子栏杆、上盖板、油水管路等的安装。

（13）全面清扫、喷漆、检查。

（14）轴承注油。

（15）启动试运转。

上述安装程序见图 2-2。

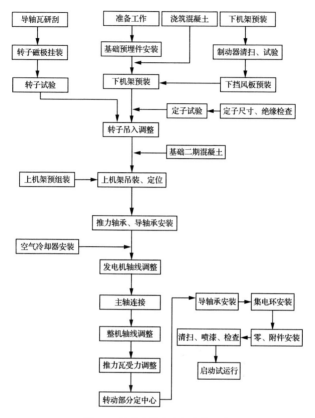

图 2-2 悬式水轮发电机安装程序

二、伞式水轮发电机安装程序

伞式水轮发电机安装程序可参照悬式,但在吊装下机架后,应进行推力轴承安装,一般安装程序见图 2-3。

(1) 基础埋设。下风洞盖板基础预埋,下机架、定子和制动器等的基础预埋。

(2) 定子安装(参考悬式)。

(3) 下机架安装。吊装已组装的下机架,调整中心、高程及水平并固定;安装制动器及其管路;进行下挡风板及灭火

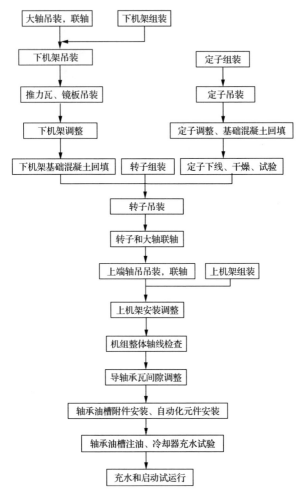

图 2-3 伞式水轮发电机安装程序

水管的安装。

（4）推力轴承安装。主要包括调整镜板水平及高程；将带有推力头的主轴吊入推力轴承上；镜板与推力头连接，并调整中心。

（5）发电机主轴与水轮机主轴连接。

（6）转子安装。吊装转子与主轴连接，调整中心及高程；检查空气间隙；检查和调定子中心；定子基础二期混凝土浇筑。

（7）安装上机架（参考悬式）。

（8）机组整体盘车。测量和调整机组轴线。

（9）推力轴承受力调整。

（10）转动部分中心的调整及固定（参考悬式）。

（11）附件及零部件的安装（参考悬式）。

（12）全面清扫、喷漆、检查。

（13）轴承注油。

（14）启动试运转。

三、卧式水轮发电机安装程序

（1）准备标高中心架、基础扳及地脚螺栓；

（2）安装底座；

（3）安装定子、轴承座；

（4）转子检查及轴瓦研刮；

（5）吊装转子；

（6）与水轮机连轴，轴线检查；

（7）安装附属装置；

（8）启动试运转。

第三节　定子装配、安装

由于运输条件的限制，当定子直径超过 4m 时就要进行分瓣运输。运往工地后再将分瓣定子组合成一个整体。

20 世纪 90 年代以来投产的大型水轮发电机基本上都采用定子现场整圆装配叠压工艺。定子现场整圆装配的关键工序是机座组合焊接、定位筋的定位分度、铁芯叠装和分段压紧技术。

近年来随着机组容量和定子尺寸的增大，在其结构设计上也有较大的变化：

（1）采用刚度不大的浮动机座。即采用机座径向式基础销、滑动基础板支承、基础板斜向布置等结构，使机座及铁芯运行受热时能径向位移，为防止因机座和铁芯的温差造成的膨胀不均而使铁芯产生有害变形和翘曲，在铁芯和定位筋之间留有一定的间隙，使铁芯能自由膨胀；采用柔性结构的定子机座，在铁芯受热膨胀后机座能较自由地伸缩和减小铁芯和机座的内应力；

（2）下齿压板采用大齿压板结构，防止铁芯在安装过程中和运行时变形；

（3）采用在铁芯轭部穿心螺杆的结构，并在穿心螺杆的螺帽下加碟形弹簧垫圈，可保证铁芯压紧质量，并可靠防松，穿心螺杆采取对地绝缘的措施；

（4）定子铁芯进行热压，将铁芯加温至运行时的温度状态，冷却后再次压紧，使运行后的定子铁芯不易产生松动。

一、机座组合焊接及定位筋安装

1. 机座组合与焊接

定子机座在安装间（或机坑）组合时用中心测圆架调整圆度和水平，机座焊接根据实际情况采用手工电弧焊或 CO_2 气体保护焊工艺。焊缝形式根据设计结构的不同分为对接焊缝和搭接焊缝两种。

焊缝为对接焊缝时，应特别注意控制整体机座的径向收缩变形，有的电站定子组装时在组合缝间加钢垫片的方法控制机座的径向收缩变形，钢片的厚度根据机座的直径和机座的分瓣数确定，一般为 2～4mm。当单面焊缝完成后，再将钢垫片刨除。机座的焊接采用分段、对称焊接方法，以控制焊接变形。

焊缝为搭接焊缝时，收缩变形比对接焊缝小，一般为 1～2mm 。但为防止过大的变形，仍应严格焊接方法和工艺。

在定子机座组合调整阶段及定位筋安装、铁芯叠装过程中，中心测圆架的调整精度是控制定子组装质量的关键工序，测圆架中心柱的垂直度应控制在 0.02mm/m 以内，测圆架基础应固定牢靠，测圆时应避免各种外因的影响。

2. 定位筋安装

目前，国内外厂家设计制造的定子，定位筋大部分在工地安装、焊接。但也有部分电站的定子定位筋在制造厂内焊好，仅留合缝处的几根定位筋在工地再焊，定子机座组装后检查定位筋的变形并不大，除个别定位筋外，定位筋的半径、间距、垂直度、表面扭斜等均能满足要求。

定位筋安装是定子组装过程中的关键环节，直接影响到铁芯叠片和圆度、半径控制的质量。在实际施工中，定位筋的安装有以下三种方法：

（1）先安装焊接定位筋，全部合格后再叠片；

（2）定位筋安装焊接与叠片交替进行；

（3）先叠片再焊接定位筋。

定位筋的三种安装方法的比较如表 2-1 所示。

表 2-1　　　　　　　　**定位筋安装方法比较表**

安装方法	优点	缺点
先焊筋、再叠片	施工程序单一、定位筋焊接一次完成	调整工作量大、难度高
焊筋和叠片交替进行	定位筋的分度弧长与垂直度易于控制	施工过程复杂、铁芯叠装与定位筋焊接交替进行，施工干扰大，工艺要求严格
先叠片、再焊筋	铁芯叠装时紧度、圆度及槽形易于调整	定位筋焊接的位置较差、施焊困难

首先安装基准定位筋，对其绝对半径值、垂直度和表面扭斜都应严格要求。以基准定位筋为基准，再安装其他各条定位筋。由于大型水轮发电机定子定位筋数量较多，为减少定位筋在分度时的累积误差，在基准定位筋安装合格后，定位筋安装调整采用大等分法，等分数值的选择应使得等分后的大弦距在 3～5m 为宜。取值太大，影响测量精度，取值太小失去大等分分度的意义。

最后一根大等分定位筋安装后，复查其与基准定位筋的弦距,并将弦距误差合理分摊到各大等分弦距中。用同样方法安装大等分区内的定位筋。

定位筋的焊接采用手工电弧焊或 CO_2 气体保护焊,由多名焊工在相同的位置同时对称施焊,保证定位筋焊接后的尺寸控制指标和焊接质量符合技术要求。

二、铁芯叠装及压紧

定子铁芯叠装场地应做到防潮防尘,且保持较小的温差(包括时间上、空间上),有条件时应有一个封闭的环境。

定子铁芯叠装的方法应按制造厂技术文件的要求进行。叠装的冲片应清洁、无损、平整、漆膜完好、厚薄均匀。在叠片过程中应可靠地不断地按定位筋、槽样棒(及槽楔槽样棒)定位,并用整形棒整形。同时应严格控制铁芯的半径、圆度、高度、波浪度、垂直度等尺寸。并注意及时复核中心测圆架的调整精度。部分国外进口的大型定子用专门的填隙片调整铁芯的波浪度。

定子铁芯的压紧应均匀、有序、对称进行,为保证铁芯的紧度,铁芯应分次压紧,每段铁芯的压紧高度一般不宜大于 600mm。

定子铁芯冲片的压强或压紧螺栓的拧紧力矩,目前国内外尚无统一的标准。国内设计的定子,压紧时传递到冲片上的最终压强一般为 $2.0 \sim 2.5$MPa。国外几个制造厂家的标准也不统一,传递到铁芯冲片上的最终压强一般为 $1.1 \sim 1.6$MPa。在一般情况下,传递到定子冲片上的压强随铁芯高度的增加而增加。此外,定子铁芯的压紧螺栓的拧紧力矩还取决于定子铁芯的结构,有穿心螺杆的定子铁芯,其压紧力矩取较小值,无穿心螺杆的铁芯取较大值。在保证定子机座、硅钢片漆膜、通风沟不受损以及压紧螺栓强度许可的情况下,适当增加叠片的压强对提高定子铁芯的密实度是有利的。

为防止由于机组长期运行的振动造成铁芯的松动,目前国内设计的大型发电机均对定子铁芯采用热态压紧和磁化试验后的再次压紧。

定子铁芯热态压紧的基本工艺,是采用均匀布置在定子下部和空气冷却器孔口的电加热器或其他加热设备对保温的铁芯加温到 80～90℃,保温 12h 以上后,自然冷却到室温,再均匀地拧紧拉紧螺杆至要求的扭矩。定子铁芯的高度以铁芯热压后的高度为准,热压前的铁芯高度应比设计高度略高,一般取铁芯设计高度的 0.2%～0.3%。铁芯加温可按如下经验公式 2-1 选取加热器容量:

$$W = KQ \qquad (2\text{-}1)$$

式中:W ——电热器总容量,kW;

$\quad\quad Q$ ——定子重量(铁芯和机座重量之和),t;

$\quad\quad K$ ——单位重量的相当热容量,kW/t;K 值在南方地
$\quad\quad\quad\quad$ 区取 1.0～1.6,在北方地区取 1.3～2.0。

三、磁化试验

1. 磁化试验方式

定子磁化试验是利用专门缠绕在定子铁芯和机壳外的励磁线圈,通以交流电源,使在铁芯内部产生接近饱和的交变磁通,使铁芯中绝缘薄弱的部分产生涡流,致使温度升高。利用测温装置测出各部的温升。根据测温结果与标准要求相比较,来判断定子铁芯是否存在缺陷。

2. 磁化试验要求

磁化试验通电的磁感应强度按 1T 折算,持续通电时间 90min,应达到如下要求:

(1) 铁芯最高温升不超过 25K,相互间最大温差不超过 15K,这是最重要的指标。

(2) 铁芯与机座的温差应符合制造厂规定。如果铁芯与机座之间的温差超出制造厂要求值时,应立即停止试验,由于铁芯和机座受热后的膨胀值不同,将使铁芯和机座承受的内应力增大。铁芯和机座可以承受多大的因温差造成的内应力,与定子的结构设计有关,所以铁芯与机座的允许温差应符合制造厂规定。

(3) 单位铁损值应符合制造厂规定。但实践中多数定子

铁芯有超过标准的现象，现场难以处理。同时磁化试验时铁芯温度的变化比铁损的变化快得多，单位铁损的控制相对于铁芯温度的控制来说，不显得特别重要，因此单位铁损仅作为参考要求。

（4）磁化试验时定子铁芯无异常振动和噪声及其他不正常情况。

四、定子吊装及调整

大部分大型定子都是在安装场或专用机坑拼装、焊接、叠压完成后将定子吊入机坑进行下线，这样可以避免起吊过程中定子的变形对线圈的不利影响。但少部分大机组和一些中小型机组在安装场下完线后将定子整体吊入机坑，此时必须考虑防止整体定子起吊时产生过大变形的问题，起吊设施的布置应使吊起的定子不承受额外的径向力和扭曲力。定子吊入机坑后，依据水轮机座环（或调整后的底环）中心为基准，调整定子铁芯的中心、水平、圆度以及高程，调整方法是使用千斤顶施顶，必要时用桥机助力。铁芯的中心用内径千分尺检测，高程和水平用水准仪配合铟钢尺检查。

一般在定子中心高程找正后即浇混凝土基础混凝土，也有的定子基础混凝土在转子吊入机坑、机组轴线盘车找正、空气间隙符合设计要求后进行浇筑回填。如用在线圈中通以电流的电动盘车的方式检查轴线时，定子基础混凝土宜在盘车前回填。

五、定子下线

1. 场地要求及准备工作

（1）场地要求：

1）装配场地应封闭，场内应清洁，布置整齐，且通风良好；

2）保持下线场地空气干燥，当现场相对湿度超过80%时，应加装去湿机驱潮，严禁嵌装场地遭受雨淋和厂房拱顶渗漏水的侵袭；

3）施工现场的昼夜温度均应在5℃以上；

4）应铺设牢固安全的工作平台；

5）定子上方应设足够的固定照明，定子下部加装足够数量的作业行灯；

6）嵌装场地要配备足够的安全及消防设施，建立必要的警卫制度。

（2）准备工作：

1）设备及安装材料和工器具的清点、存放对到货的安装材料和工器具应仔细清点，其数量、型号、尺寸等应符合图纸要求，对化工材料还应检查其有效期，应保证使用时在有效期内。云母带应保存在冰柜内，其储存期的温度不高于4℃。现场存放地点应干燥、清洁，且分类保管。

2）工器具准备。应根据下线安装的工艺要求准备相应的工器具，例如制作单根线棒耐压箱、轻便的线棒嵌装后的耐压隔离装置、线棒中心线画线平台、用于线棒嵌装时斜边间隙调整的木楔、下部绝缘盒灌装升降机、绝缘材料存放手提蓝、绑扎带牵引穿针和木锤（橡皮锤）等工器具。

3）施工平台搭设。依据机组实际结构在定子内部制作、安装宽度600～800mm的环形下线平台。平台内侧设置安全栏杆或悬挂安全网。当定子铁芯高于2m时，平台应能升降。

4）在下线工地附近（或周围）设线棒和其他材料堆放场地亦要求防水防尘。

5）设置带消防设施的存放油漆、溶剂等材料的化工库，要求通风良好，照明为防爆灯。

6）对到货的单根线棒进行外观检查和交流耐电压抽查。

2. 下线工艺

定子绕组安装无论是工作量还是工期约占定子组装工作的一半，同时大多定子绕组安装往往是在机坑内进行，工作条件比机座组焊和叠片都差，因此，必须采取新技术以提高工效，保证质量，加快施工进度。

（1）使用下线机下线。使用下线机下线是大型定子下线的较好方法。用下线机嵌线,线棒入槽平稳,受力均匀,并使线棒和槽壁紧密接触,提高了下线质量,减轻了劳动强度。

(2) 线棒嵌入技术。根据电机槽部防电晕的要求,发电机定子线棒与槽壁的间隙愈小愈好,且必须小于最易局部放电的危险间隙 0.2~0.5mm,但线棒制造工艺往往很难满足防电晕的最佳要求。为解决这个问题,传统的防电晕的方法是在嵌入线棒后,再在线棒与槽壁之间加插半导体垫片,使其间隙小于 0.3mm。

(3) 槽楔下安装波形弹性垫条。这种波形弹性垫条的材料为环氧玻璃布波纹板,板厚约 1mm,波形垫条的波峰、波谷差较大,压缩后不致变形。打槽楔时,先在上层线棒绝缘表面放上至少一层保护垫条,再放一层波形弹性垫条,槽楔放在线槽的最外面,选择一种厚度合适的导垫板插在波形弹性垫条与槽楔之间,并将槽楔和垫条打紧,使波形弹性垫条达到要求的压缩值。槽楔下安装波形弹性垫条使线棒在槽内径向所受压力更趋均匀、合理,波形垫条的弹性不会因压紧时间长和温度变化而减弱或消失,因此槽楔不会松动。上下端部导垫板和槽楔加涂环氧树脂与铁芯固结,可避免长期运行中槽楔垫条出现上串或下滑现象。

(4) 上端绝缘盒浇灌。定子线棒上端绝缘盒浇灌的特点是绝缘下口不需要密封堵漏。定子线棒上端绝缘盒形状与下端绝缘盒基本相同,大小尺寸一样,盒底是全封闭型。绝缘盒内的填充胶由树脂、固化剂和触变材料混合,并充分搅拌均匀成腻子状填充胶,不需溶剂和加热,先把填充胶抹到线棒接头上,填满两块并头铜板的间隔及四周,抹好与线棒原绝缘的搭接长度;然后在绝缘盒内装入足量的填充胶后,倒套在线棒接头上压紧,使绝缘盒内空隙填满;调整好绝缘盒的安装中心位置后,用清洁水擦净挤压到绝缘盒外面的填充胶,待其室温固化。倒套时绝缘盒内腻子状的填充胶不会流淌,固化后不收缩、不开裂,绝缘性能好。这种"压罐式"的罐盒技术操作简便,速度快,质量可靠,整齐、美观,达到了同下端绝缘盒浇灌的同样效果。下端头绝缘盒按上述工艺套上后,仍需临时支撑直至胶固化。

(5)线棒端部固定新工艺。定子线棒端部固定,是指定子线棒与支持环之间的绑扎固定,它要求牢固可靠,不松动,其工艺特点如下:

1)绑扎形式。线棒支持环内圆面及线棒端部上下层之间均没有传统的连续敷放的水平横向垫条,下层线棒端部与支持环用圆柱形毛毡垫塞紧后绑扎,每个支持环绑一道。上层线棒端部与支持环不直接绑扎,用柱形毛毡垫实端部上下层之间的距离后,只将上层与下层线棒相互绑扎,上下端部在两个支持环之间的中间部位各绑扎一道,这种绑扎形式纹路稀疏,使端部间隙留下的空间较大,便于检查,更有利于通风、散热;

2)绑扎材料和工艺。传统绑扎是采用 0.3mm×25mm定向玻璃丝带经脱蜡和环氧胶浸渍后晾半干状态下绑扎,绑扎后表面再刷环氧胶,线棒端部绑扎材料是一种无纬带玻璃丝纤维束,经复合聚脂树脂胶浸渍后,在不晾干的状态下立即进行绑扎,各部位所垫的毛毡块也经树脂胶浸渍,采用"两两相绑法"绑扎线棒和支持环,每处共绑"双重六股四圈"。绑带拉紧后树脂被挤出附在玻璃丝束表面,不需另外刷胶,绑后加温固化。树脂固化后,绑带表面光滑,并与线棒、支持环、毡垫相互联结成牢固的整体。这种绑扎工艺牢固可靠,不会因摩擦、振动或温度变化而出现松动,能有效地防止发电机运行中的线棒下沉或窜动现象。

六、定子安装中的电气试验

1. 单个定子线圈交流耐电压试验(见表 2-2)

表 2-2　　　　单个定子线圈交流耐电压标准试验

绕组型式	试验阶段	额定电压/kV	
		2≤UN≤6.3	6.3≤UN≤24
		试验标准/kV	
圈式	1. 嵌装前	2.75UN+1.0	2.75UN+2.5
	2. 嵌装后(打完槽楔)	2.5UN+0.5	2.5UN+2.5

绕组型式	试验阶段	额定电压/kV	
		2≤UN≤6.3	6.3＜UN≤24
		试验标准/kV	
条式	1. 嵌装前	2.75UN+1.0	2.75UN+2.5
	2. 下层线圈嵌装后	2.5UN+1.0	2.5UN+2.0
	3. 嵌装后(打完槽楔)	2.5UN+0.5	2.5UN+1.0

2. 定子绕组电气试验项目及标准(见表 2-3)

表 2-3   定子试验项目及标准

序号	项目	标准	说明
1	单个定子线圈交流耐电压	应符合表 2-2 要求	
2	测量定子绕组的绝缘电阻和吸收比或极化指数	(1) 绝缘电阻值(100℃时); (2) 吸收比 R_{60}/R_{15} 不小于 1.6; (3) 极化指数 $R_{10min/1min}$ 不小于 2.0; (4) 各相绝缘电阻不平衡系数不应大于 2	(1) 用 2500V 及以上欧表; (2) UN 为发电机额定线电压 V;SN 为发电机额定容量 kVA; (3) 在室温 t(℃)的定子绕组绝缘电阻 R_t(MΩ)的换算:$R_t = R \times 1.6^{(100-t)/10}$,$t$ 为室温
3	测量定子绕组的直流电阻	各相、各分支的直流电阻,校正由于引线长度不同而引起的误差后,相互间差别不应大于最小值的 2%	(1) 在冷态下测量,绕组表面温度与周围空气温度之差不应大于 3K; (2) 当采用压降法时,通入电流不应大于额定电流的 20%; (3) 超标准时,应查明原因

序号	项目	标准	说明
4	定子绕组的直流耐电压试验并测量泄漏电流	(1)试验电压为3.0倍额定线电压值; (2)泄漏电流不随时间延迟而增大; (3)在规定的试验电压下,各相泄漏电流的差别不应大于最小值的50%	(1)一般在冷态下进行; (2)试验电压按每级0.5倍额定电压分阶段升高,每阶段停留1min,读取泄漏电流值; (3)不符合标准(2)、(3)之一者,应尽可能找出原因,并将其消除
5	定子绕组的交流耐电压试验	(1)对于整体到货的定子,试验电压应为出厂试验电压的0.8倍; (2)对于在工地装配的定子,当额定线电压为20kV及以下时,试验电压为2倍额定线电压为3kV; (3)整机起晕电压应符合合同规定转子吊入前,按本标准进行耐电压试验;机组升压前,不再进行交流耐电压试验	(1)交流耐电压试验应分相进行,升压时起始电压一般不超过试验电压值的1/3,然后逐步升至试验电压值,一般为10~15s; (2)试验前应将定子绕组内所有的测温电阻短接并接地; (3)耐电压试验前,必须测量绝缘电阻及极化指数; (4)耐电压试验时,在额定线电压下,端部应无明显的金黄色亮点和连续晕带。当海拔高度超过1000m时,电晕起始电压值应按《使用于高海拔地区的高压交流电机防电晕技术要求》(JB/T 8439—2008)进行修定

序号	项目	标准	说明
6	定子铁芯磁化试验	磁感应强度按 1T 折算,持续时间为 90min （1）铁芯最高温度不得超过 25K;相互间最大温差,不得超过 15K; （2）铁芯与机座的温差符合制造厂规定; （3）单位铁损符合制造厂规定; （4）定子铁芯无异常情况	（1）工地叠片的定子,应进行此项试验;制造厂叠片的定子,有出厂试验记录者,可以不做; （2）对直径较大的水轮发电机定子进行试验时,应尽量使磁通分布均匀

第四节　转子装配、安装

本节主要阐述在工地进行转子支架(中心体)套装、磁轭叠片、挂极等工序的水轮发电机转子组装。对于厂内整体组装发货的转子,在此不作阐述。

一、转子组装现场场地要求

（1）转子组装应在安装间进行,并应充分保证组装场地的湿度、温度和足够的照明,满足有关安装要求;

（2）转子现场组装设备应摆放整洁,应预留转子磁轭冲片摆放以及磁极摆放的空间以及人员走动空间;

（3）转子磁轭叠片时,应搭建牢固和安全的叠片平台及扶梯,以便于转子磁轭的叠装。

二、转子组装准备

（1）转子组装前,安装单位应根据图纸以及设备到货验收清单,按电站机组编号对该机组转子组装所需的各部件进行详细的全面清点,并及时提交属于该机组编号的设备到货缺件清单和现场丢失清单。

（2）根据工地的安装进度,在转子磁轭叠片前,应首先利用有机溶剂对转子磁轭冲片分类逐一进行清洗,除去冲片表面油污、锈迹和毛刺,并用干净抹布将冲片表面清擦干净,并按(0.2kg)重量进行冲片分类。

(3) 磁轭冲片重量分类完成后,应从每类磁轭冲片抽取10张冲片,用千分尺测量每张磁轭冲片的实际厚度,要求每张磁轭冲片测量点应不少于12点,且测量点沿每张冲片外边缘尽可能均匀分布。并根据各类冲片的测量结果,计算出每类冲片的实际平均厚度。并将其每类冲片的测量结果作记录。

(4) 检测转子磁轭通风槽片上衬口环高度,要求衬口环之间的高度差不应大于0.3mm,且所有导风带应低于衬口环,否则,应对其进行处理。

(5) 根据图纸有关要求,参照每类磁轭冲片的实际平均厚度,确定转子磁轭叠装表;叠装时,应根据磁轭冲片重量分类,将单张重量大的磁轭冲片叠装在转子磁轭下端。

(6) 全面清理转子装配所需的所有安装调整工具,并将其按转子部件组装的先后顺序进行编号、分类。

三、转子支架(中心体)热套

1. 主轴起吊(竖轴)准备

(1) 主轴吊装前,应检查、处理发电机主轴支墩基础法兰以及各支墩基础板的表面,除去其表面上的局部高点、油污及毛刺等。

(2) 清洗、检查发电机主轴,除去其主轴下法兰面的局部高点、油污及毛刺等。

(3) 清洗、检查发电机主轴与支墩基础法兰的把合螺栓。

(4) 用精密水准仪检测发电机主轴支墩基础法兰的水平度不得大于0.02mm/m,否则,应对其进行处理。

(5) 将转子支架中心体支墩吊装就位,并初调其叠片支墩上每对楔子板顶面高程。

(6) 分别检测主轴与支架(中心体)配合档尺寸并记录。

2. 竖主轴

(1) 把吊主轴工具把合于主轴小头,主轴法兰头朝下,垂直起吊主轴于检修支墩上;

（2）检查发电机主轴下法兰面与其支墩基础法兰把合面间是否存在局部间隙,其局部间隙应用垫片进行填充处理,完成后,用螺栓将主轴与其支墩基础法兰对称、均匀把紧。

（3）采用在＋X、＋Y方向上悬挂钢琴线的方法,测量发电机主轴垂直度,要求其垂直度不得大于 0.02mm/m,否则,应对发电机主轴重新进行调整。

（4）转子叠片检修支墩见图 2-4。

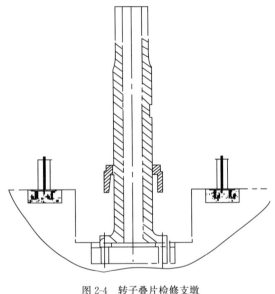

图 2-4　转子叠片检修支墩

3. 转子支架(中心体)加热

（1）加热方式:通常采用电加热的方式,将加热带或加热板(管)均匀布置并固定于支架轮毂外壁,加热装置宜采用若干组并联的方式,升温速度控制在 15～20℃/h,并根据升温速度及保温温度要求作相应调整;

（2）加热所需功率与支架或轮毂尺寸大小及保温效果有关,应根据特定机组给定的工艺参数而定;

（3）保温措施建议采用焊保温箱或砌保温坑进行保温；

（4）加热温度：250～280℃；

（5）保温时间：5～8h。

4. 热套（图 2-5）

1）转子支架加热温度及保温时间达工艺要求后，检测支架内孔，保证热套间隙达工艺要求。

2）迅速平稳起吊转子支架并热套于主轴上。

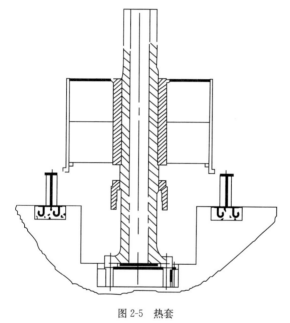

图 2-5　热套

支架热套控制要点：

（1）转子支架轮毂的膨胀量，除考虑过盈量外，还应加上套装工艺要求的间隙值，以及套入过程中轮毂降温引起的收缩值。过盈量以热套前检查实测的数值并参考图纸提供的数值计算，而套装工艺要求间隙值，一般取轴径的 1/1000，轮毂降温引起的收缩值，视轴径大小，在 0.5～1.0mm 之间选取。

（2）转子支架加热前应在起吊受力状态下调整其水平度，应尽量控制在 0.05mm/m 以内。加热时应用红外线测温仪监视转子支架加热温度，并控制温度使支架上、下膨胀均匀。加热后应仔细检查轮毂的膨胀量，其值须满足本条的计算要求。

转子支架热套示意见图 2-6。

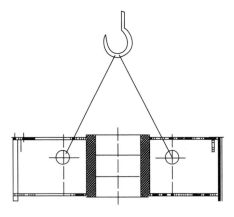

图 2-6　转子支架热套示意图

（3）支架热套后，主轴凸台处应先行冷却，冷却过程中，轮毂上下端温差一般不超过 40℃，一般对于环境温差较小的热套现场，均由转子支架自然冷却。

（4）对于在低温环境热套后的转子支架，应适当采取保温措施，（可采用保温箱或石棉布对热套后的转子支架进行保温）使转子支架匀速、缓慢冷却。转子支架见图 2-7。

对于个别电站检修间高度无法满足支架热套高度要求的，可按如下方案进行热套：

（1）将支架置于机坑内的下机架上找平，为了利于支架加热时保温，根据支架的外径配制一工艺垫板，（垫板中心配制主轴热套时通的工艺孔）工艺垫板垫在支架与下机架之间；

（2）转子支架的加热及保温措施同上；

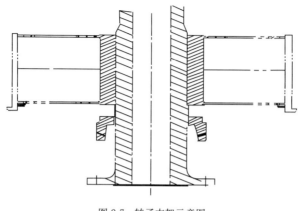

图 2-7 转子支架示意图

（3）采用插入法热套。热套时吊主轴法兰端垂直插入转子支架内孔,热套转子到位。采用该方案热套转子支架,水机主轴应热套后才能进行吊装。

四、支臂组合（小圆盘结构无此程序）

（1）支臂组装前,应对中心体作如下检查和调整:

1）按图纸要求检查中心体各部分尺寸;

2）转子中心体应支撑牢靠,并调整中心体水平,其水平度不应大于 0.03mm/m（检测合缝挂钩处或轮毂端面）。

转子支臂见图 2-8。

（2）支臂组合后进行检查,应符合如下要求:

1）组合缝间隙符合如下要求:组合面光洁无毛刺,合缝间隙用 0.05mm 塞尺检查,不能通过;允许有局部间隙,用 0.10mm 塞尺检查,深度不应超过组合面宽度的 1/3,总长不应超过周长的 20%;组合螺栓及销钉周围不应有间隙,组合缝处安装错牙一般不超过 0.10mm。

2）支臂下端各挂钩高程差:当支臂外缘直径小于 8m 时不应大于 1mm,支臂外缘直径为 8m 及以上时不应大于 1.5mm,必要时应对立筋挂钩进行补焊及打磨处理,以满足各立筋挂钩高程偏差。

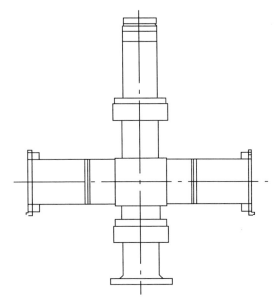

图 2-8　转子支臂组合示意图

3）支臂外缘圆度及垂直度，各键槽上、下端弦长，键槽深度的宽度，均应符合图纸要求。

4）支臂键槽的切向倾斜度不应大于 0.25mm/m，最大不超过 0.5mm。

五、转子测圆架安装

（1）按要求安装转子测圆架。转子测圆架安装前后，均应复查发电机主轴的垂直度。

（2）转子测圆架安装后，其转子测圆架支臂水平度应不大于 0.02mm/m，利用中心测圆架转臂重复测量圆周上任意点的半径误差不得大于 0.02mm，旋转一周测头的上下跳动量不得大于 0.50mm。并记录结果。

（3）转子测圆架安装后，应将测圆架上所有组合螺栓锁牢，以防使用过程中松动而影响测量结果。

（4）检查中心测圆架旋转臂轴向测杆长度，其旋转臂轴向测杆长度应能满足测量整个转子磁轭叠片的轴向高度的要求。

（5）在测圆架的使用过程中，应分阶段校核中心测圆架的准确性（叠片过程中、挂极后）。

六、转子磁轭叠装

（1）转子磁轭叠装准备：

1）修磨各磁轭键表面的毛刺，配对检查每对磁轭键。

2）复查发电机主轴垂直度，要求其垂直度不得大于0.02mm/m。

3）将转子磁轭叠片支墩均匀布置到转子下磁轭压板下方，其位置不能影响穿入磁轭拉紧螺杆，并将楔子板沿径向安放到磁轭叠片支墩上。

4）按照图纸要求，将转子下磁轭压板吊放于转子支架立筋挂钩上，要求下磁轭压板上磁轭键槽形开口中心应正对于转子支架各立筋键槽中心。

5）均匀调整下磁轭压板与转子支架各立筋间的径向间隙，并测量下磁轭压板制动环把合面圆周波浪度应符合图纸要求，否则，应利用楔子板调整其水平。

6）在下磁轭压板上试叠一个节距的转子磁轭冲片。试叠时，应按图 2-9 所要求的层间错位方式。

7）调整下磁轭压板，要求下磁轭压板的拉紧螺杆孔与磁轭冲片拉紧螺杆孔同心，且转子支架各立筋键槽位置处的磁轭冲片槽形开口中心与其立筋键槽中心之间周向偏差，应能满足转子磁轭键的安装。

（2）转子磁轭叠装：

1）根据磁轭冲片堆积配重表，按图纸规定的层间错位方式，先试叠 100mm 高度，利用转子测圆架检查、调整该段磁轭圆度，要求各半径与设计半径之差不超过设计空气气隙的±3.5%，然后再正式叠装；

2）磁轭冲片一般由磁轭键和销钉定位，定位销结构，按图纸要求插入转子磁轭叠片圆柱销，无定位销结构。可均匀穿入 20%以上的产品螺杆，一般穿入 1/3 产品螺杆即可。其

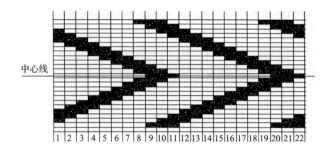

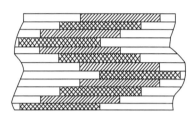

图 2-9 从外向内看磁轭展开示意图

中，每张磁轭冲片上插入螺杆数应不得少于 3 个。

3）继续进行转子磁轭叠片，当转子磁轭叠到某一预压高度时，按要求进行转子磁轭预压。每次预压过程中，应用专用力矩扳手，按 50％、75％、100％逐渐加大压紧力矩，采用中圈⑧内圈⑧外圈⑧中圈的把紧顺序进行多次压紧。

4）转子磁轭根据高度要求进行分段预压，其每次预压高度约为 800mm，其工具螺杆螺母的把合力矩按图纸及工艺要求执行，确保转子磁轭整体叠压系数不小于 0.99。

5）在整个磁轭叠装过程中，其磁轭冲片正反面应一致，并用铜棒随时对磁轭冲片进行整形，以保证磁轭冲片与转子支架立筋外圆的间隙均匀。并利用测圆架定期检查和调整转子的磁轭圆度，以免磁轭不圆或中心偏移，同时，转子测圆架使用过程中，应按标准定期进行校核。

6）每大段磁轭预压后，在磁轭内、外侧搭焊拉筋（部分机组）。

7）每大段磁轭预压前，应测量并调整转子磁轭圆度；每大段转子磁轭预压后,应对每大段磁轭预压后转子磁轭圆度进行测量。

8)利用上磁轭压板进行转子磁轭整体预压,预压完成后,用专用拉刀拉削磁轭拉紧螺杆孔,按图纸要求逐一换装上磁轭拉紧螺杆,并按力矩要求把紧其螺母。

9)磁轭拉紧螺杆更换完成后,分上、下两个断面测量转子磁轭半径,要求每断面半径与设计半径之差不大于设计空气气隙的±3.5%,转子磁轭整体偏心值符合图纸要求;磁轭平均高度不得低于其设计高度;沿圆周方向高度与设计高度的偏差符合 GB/T 8564—2003 标准要求;同一纵面上高度偏差不大于 5mm;转子磁轭的叠压系数不小于 0.99。

10)按要求检查下磁轭压板与立筋挂钩间的间隙情况,允许个别立筋挂钩与下磁轭压板间存在局部间隙,但其间隙值应不大于 0.50mm。

11)根据磁轭高度,用不短于 1m 的平尺检查磁轭与磁极间的接触面,应平直且接触良好,对局部高点应进行打磨处理。

(3)转子磁轭冷打键:

1)拆除磁轭叠片定位所用的磁轭键,根据冷打键和热打键对磁轭键长度的要求,核查磁轭键长度。

2)按照图纸要求安装转子磁轭键。安装时,应在磁轭键的配合面上,抹上清洁的 MoS_2 油脂,以减少在冷打键过程中的摩擦力。

3)在监测磁轭圆度情况下,用 18lb❶ 大锤将磁轭键对称地打紧;打紧过程中,应利用冷打磁轭键进一步调整磁轭圆度、垂直度以及转子磁轭偏心;冷打键时转子支臂与磁轭间在半径方向产生的相对位移应符合图纸要求;图纸无明确规定时,一般可根据转子磁轭的残余变形的大小,挖掘其在半径方向的相对位移的平均值为 0.08~0.25mm。

---

❶ 1lb=0.45359237kg(准确值)。

4）打紧磁轭键后，复核各磁轭键上端长度，必须满足磁轭热打键要求。

5）冷态打紧转子磁轭键后，根据转子磁轭热打键及磁轭圆度调整要求，在相应位置的磁轭长键上划出磁轭热打键长度标记。

（4）转子磁轭热打键：

1）转子磁轭加热，根据现场条件选用合适的加热方法加热磁轭。一般采用电加热器进行磁轭加热，采用电加器加热时，其电加热器应均匀地布置在转子磁轭通风沟处。

2）对转子磁轭加热时，应采取良好的保温措施，通常采用隔热效果较好的石棉布进行保温，并采取措施利于磁轭与支臂之间形成温差。

3）在加热的过程中，应注意控制磁轭的温升以及磁轭与转子支架之间的温差，并对转子磁轭及支架立筋间的温差进行定时检测，磁轭加热时间一般不得超过12h。

4）当转子磁轭及支架立筋间的温差达到要求后，应进行保温，并检测转子支架与磁轭之间的间隙。

5）当间隙符合要求后，即可停止加热，并按照转子磁轭热打键标记，对称均匀地打紧磁轭键。

6）热打键完成以后，在转子磁轭冷却过程中，应采取适当的保温措施，有效控制磁轭冷却速度，以免磁轭温度骤然降低而使转子支架变形，待磁轭冷却到室温40℃以下时，方可揭开保温蓬布。

7）转子磁轭冷却后，按图纸要求用扭矩扳手全面核查磁轭拉紧螺杆螺母的扭矩值，合格后，按要求将磁轭拉紧螺杆的把紧螺母分别点焊到上、下磁轭压板上。

8）按转子支架卡键槽的实际高度尺寸，配磨其对应的卡键并将其安装就位。

9）安装（卡键）锁定板，并按图纸要求焊接锁定板。

10）复查发电机主轴的垂直度，并全面检查转子磁轭圆度，记录转子磁轭圆度有关测量结果。

11）按磁轭装配图要求，割去磁轭键多余部分，并将磁轭键下端挡块焊牢。

（5）清扫转子支架制动环把合面，按制动环装配要求安装制动环（波浪度），并检查各制动闸板的把合间隙。制动环安装后，要求其外圆应紧靠转子支架止口，制动环的径向水平偏差在 0.50mm 以内，制动环表面波浪度小于 1.0mm，按机组旋转方向检查制动环接缝，后一块不得凸出前一块，并检查各制动闸板的把合间隙。并记录测量结果。

（6）按图纸有关要求，进行转子磁轭装配中其余部件的安装。

（7）全面清扫转子磁轭，为转子磁极挂装作准备。

七、转子磁极挂装

（1）磁极挂装准备：

1）复查发电机主轴的垂直度，全面复查转子磁轭圆度、波浪度。

2）用专用磁极键槽拉刀拉铣转子磁极挂装用 T 尾槽。

3）用有机溶剂清洗转子磁极键表面防锈漆以及油污，除去磁极键表面的锈斑以及毛刺等，将转子磁极键配对，并检查每对磁极键配合面的接触情况。

4）开箱并全面清扫所有磁极，检查所有磁极表面。进行转子磁极配重，并按要求检查磁极直流电阻，要求磁极直流电阻值相互间差值不应大于磁极最小直流电阻值的 2％，每个磁极的绝缘电阻不应低于 5MΩ。并分别测量结果。

5）按要求检查磁极交流阻抗，其交流阻抗相互之间应无显著差别，否则应查明原因并予以处理。对每一个磁极进行交流耐压试验：整体到货的转子试验电压为额定励磁电压的 8 倍，且不低于 1200V；现场组装的转子，定额励磁电压 $\leqslant$ 500V 时为 $10U_f$，但不低于 1500V，定额励磁电压 $>$ 500V 时为 $2U_f+4000V$。记录测量结果，试验合格后方可挂装磁极。

6）以发电机主轴下法兰面为基准，按照图纸要求，并参考定子铁芯的实际平均中心高程，确定出转子磁轭上磁极挂装中心线高程。

7）按每个磁极铁芯的实际长度，确定每个磁极铁芯中心位置。

（2）转子磁极挂装：

1）转子磁极挂装前,应根据磁极铁芯实际长度和磁极铁芯中心高程,确定出每个磁极挡块的高程。

2）按转子装配图及有关要求,装焊其磁极挡块。焊接时,应保证磁极挡块与鸽尾槽底部接触良好,且磁极挡块的位置应不妨碍转子磁极打键。

3）对称进行转子磁极挂装。两引出线磁极挂装位置要与转子引线的位置相对应。

4）按要求打紧磁极键。要求磁极键打紧后,其磁极键的下端部不得突出下磁轭压板下端面,否则应将其切除;检查磁极铁芯与磁轭之间的间隙,间隙应符合有关规范要求,否则应采用加垫浸有环氧室温固化胶的毛毡对其进行处理,或采取对磁极托板进行垫包的方式进行处理。

5）打紧所有转子磁极键后,测量单个磁极线圈的交流阻抗值,其相互间不应有显著差别。试验所加电压不应大于额定励磁电压,并记录测量结果。

6）复查转子磁极的挂装高程。要求各磁极挂装高程偏差不应大于±1.5mm,对称方向上磁极挂装高程差不大于1.5mm,并记录测量结果。

7）分上、下两个断面测量各转子磁极铁芯轴对称线位置处的半径,要求各测量半径与设计半径值之差不应大于空气气隙的±4%。

（3）磁极极间连接线安装：

1）全面清理磁极引线头接合面,除去其表面油污及毛刺等;

2）按照转子装配图中极间联线有关要求,安装磁极极间连接线,要求相邻两磁极极间连接线搭接长度符图,其搭接部位应平整应且位于两磁极极间中心位置;

3）按照图纸要求,锡焊或银焊磁极极间连接线搭接（或对接）部位,要求各连接线搭接（或对接）部位应填充饱满焊料;

4）按照图纸要求，配钻各磁极极间连接线搭接部位把合螺孔；

5）根据极间连接线的具体位置安装并调整把合螺柱，将其用螺母锁紧；

6）按照图纸要求，安装磁极极间连接线线夹。要求所有磁极极间连接线线夹均应把紧并锁定牢固；

7）按照转子装配图要求，包扎极间连接线绝缘；

8）全面检查转子磁极极间连接线的安装，并记录检查结果。

（4）转子引线安装：

1）按图纸要求，预装转子引线及其线夹，要求其相邻引线间的相互搭接长度应满足图纸要求，且转子引线的长度应满足其与集电环引线接间的连接。

2）根据实际预装结果，以引线有孔端为样板配钻所有转子引线的无孔端把合孔，并将转子引线与其接头银焊。

3）把紧转子引线接头间的把合螺栓，用0.05mm塞尺检查引线接头间的接触面，塞入深度不得超过5mm，合格后，锁紧所有转子引线接头把合螺栓。

4）按照图纸要求，将转子引线安装就位。再把紧线夹，确保其引线压紧。

5）根据图纸要求，焊接转子引线的支撑垫铁，并锁紧所有转子引线线夹把合螺母。焊接时，应注意保护极间连接线绝缘。

（5）测量整个转子磁极的直流电阻以及绝缘电阻。其中，转子绕组绝缘电阻测量值不应小于5MΩ，否则应进行干燥。干燥后当转子绕组温度降至室温时，测量转子绕组绝缘电阻以及直流电阻值，按标准进行转子磁极整体交流耐压，并记录测量结果。

（6）全面检查整个转子引线装配，按要求对转子引线进行交流耐压试验，并记录检查结果。

（7）电气试验合格后，按转子装配图要求搭焊各磁极键，并割去其多余部分。

(8) 转子装配完成后,可根据转子装配的实际情况进行预配重。并全面清扫整个转子,检查各个部件是否按要求装配并可靠固定,并按要求对转子喷 166 漆。喷漆时,应对制动环表面进行良好的保护,并记录检查结果。

(9) 按照转子装配图有关要求,安装转子风扇装配,按要求清理转子上、下风扇装配,检查风扇与座的把合螺栓是否锁定。注意,风扇座的所有把合螺栓均应严格锁定。

(10) 按图纸及规范要求对转子进行喷漆处理。

八、转子安装

1. 转子吊入前准备工作

(1) **转子吊装应具备的条件:**

1) 转子本体施工已经完毕,并经清扫;转子铁芯通风沟经仔细检查无杂物;线圈表面无脏物、油或水;检查每一个风叶的紧固情况,如发现松动,必须重新紧固锁定;下机架及下盖板已吊入机坑就位,中心、水平均符合要求。

2) 测量转子线圈直流电阻,并测量极间连接线的电压降(用直流压降法),以各接头相同长度的电压降作比较,其压降偏差不得大于 25%。

3) 用 500V 或 1000V 兆欧表测量转子绝缘电阻,要求不能低于 0.5MΩ(干燥后),单个磁极和集电环的绝缘电阻值,一般不低于 5MΩ。

4) 主轴法兰表面的防锈保护层和脏物已经清洗干净,法兰尺寸经测量检查符合图纸要求。

5) 制动器及其管路附件均已安装、试验完毕。

6) 水轮机主轴的垂直度和法兰中心已校核符合图纸要求;水轮机主轴法兰连接面已清洗、检查;转轮降低高度符合要求(转轮比设计高程降低的高度应大于发电机主轴法兰止口高度 3~5mm),以免吊入转子时,两轴相撞。

7) 制动器支持高程已调整合适(是在制动器表面垫 10mm 胶木板,还是将锁紧螺母调高,要制动器到位后才清楚,对转子重量转移工作有关键影响)。并将四个制动器相互间顶面调整在同一平面,相对高差不大于 0.5mm。

8) 测量转子变形作好准备。在相邻两支臂键槽中间搭焊一根角钢,角钢中间装一千分表,表头对准磁轭,转子起吊时用千分表测出两支臂间磁轭相对支臂键槽板的下沉值。在轮毂底部搭焊角钢,在角钢两端装设千分表,测出转子起吊时的支臂挠度和磁轭的伞形变形值。

9) 吊下挡风板装于定子下端连接板上,并在下机架上装好挡风板支撑。

(2) 超重设备检查:

1) 各受力部分螺栓无松动;

2) 各减速箱齿轮正常,箱内润滑油充足干净,机械润滑系统正常;

3) 各轴承正常;

4) 各制动闸间隙和制动力矩调整合适,各制动闸工作可靠;

5) 轨道(包括基础)、阻进器、行走机构等正常无异;

6) 超重用的钢丝绳完整无缺,钢绳固定可靠;

7) 电气操作系统和各部分绝缘良好,限位开关和操作控制盘的动作正确。

(3) 起吊转子的吊具检查:

起吊前,必须对起吊专用工具的焊缝及制造质量进行仔细检查,并且预装过吊具,保证吊具与轴头配合良好。

2. 转子吊入

(1) 行车上应同时有机电两方面的维护人员,在制动闸、减速箱、卷筒、电器箱等附近设专人监护。行车电源需设专人监护。

(2) 在安装间试吊转子。当吊离地面 100～150mm 时,先试升降几次。注意检查起重机构运行情况是否良好,同时用框式水平仪在轮毂加工面上检查转子的水平,不水平时,可用调整钢绳长度进行调整。然后测量转子变形(视情况)。

(3) 试吊正常后,再将转子提升到 1m 左右。对转子下部进行全面检查,认真清洗和研磨主轴法兰端面,检查法兰螺孔、止口及边缘有无毛刺或凸起,如有则需消除。此外还需要检查转子磁轭的拉紧螺杆端部是否突出在闸板面外,螺母是否全部点焊等。确认一切合格后,升降到合适高度,将转子运往机坑。

(4) 在将转子下落到制动器之前,先将转子吊至机坑上空与定子内孔初步对正然后才能徐徐下落。当转子将要进入定子时,再仔细找正转子。为避免转子、定子相撞,预先制作 8 根木板条(宽 40~80mm,长 2000mm,厚 9mm),均匀分布在定、转子间隙内,每根木板都由一个人提着使其在靠近磁极中部的地方上下活动。在下落过程中发现卡住立即报告,指挥行车朝相对方向移动转子,几次调整后,即可顺利下降。注意:转子快落到制动器时,防止主轴法兰止口相撞;转子找正以定子为基准,转子落在制动器上后四周空隙基本均匀即可卸吊具。

3. 转子找正

转子找正以定子为基准,并在转子重量转移到推力轴承上后进行。

(1) 高程调整。首先落下制动器将转子重量转移到推力瓦上测量。如不合适,需再次顶起制动器。然后升降推力瓦的支柱螺栓进行调整,反复 1~2 次即可调好。安装后的转子高程略低于定子铁芯中心线的平均高程,两者差值在定子铁芯有效长度 840mm×0.4‰＝3.36mm。

(2) 中心调整。主要通过定、转子空气间隙来进行,先测量上下部分空气间隙,以判断中心偏差的方向。然后顶动导轴承瓦,使镜板滑动产生位移进行调整。注意,利用导轴瓦调整时瓦面应涂猪油或加石墨粉的凡士林。

第五节　推力轴承安装

一、推力轴承技术的发展

1. 提高推力轴承运行的可靠性

20 世纪 80 年代至 90 年代是我国推力轴承研究和制造

最活跃的年代。在我国大型水轮发电机中布置了不同型式的推力轴承,同时采取了各种措施来提高推力轴承运行的可靠性:改变推力轴承的结构型式;新型轴瓦的研制;改进水轮机水流、采取顶盖排水、改善机组的机械结构,从而有效地减轻推力轴承负荷;采用推力轴承外循环冷却(包括油泵强迫循环式和镜板泵式)和改进油槽内的油流线路,以增强推力瓦冷却和润滑的效果,提高轴瓦承载能力;使用高压油顶起装置,保证机组在起动和停机过程中低速运行时的安全性等。

2. 推力轴承的结构型式多样化

推力轴承结构的多样化,保证了在不同型式的水轮发电机和发电/电动机上的使用。主要的型式是:

(1) 刚性支柱螺钉支撑的不带托盘和带托盘的推力轴承,一般用于中小型结构。

(2) 弹性油箱液压支撑推力轴承。弹性油箱又有三波纹和单波纹之分;同时又可分为带支柱螺钉和不带支柱螺钉的弹性油箱支撑。

(3) 小弹簧多支点支撑推力轴承。

(4) 带多个小支柱(弹性销)的可调支柱螺钉支承。

(5) 弹性梁双支点推力轴承。

(6) 平衡块式推力轴承。支撑平衡块一般按上下两层布置,每层的平衡块数与推力瓦数相同。

3. 推力轴瓦的瓦面材料的改进

传统的巴氏合金材料的推力瓦,在设计制造中使用电子计算机和数学模型进行瓦的变形、压力场、温度场和油膜厚度计算,并用物理模型和在真机试验中校核,改进瓦的结构,使传统的巴氏合金推力瓦更加完善。目前我国运行的水轮发电机中大部分仍然是巴氏合金推力瓦,从西方国家进口的推力瓦几乎全部是巴氏合金推力瓦。

近10余年来我国开始使用聚四氟乙烯弹性金属塑料瓦,这种推力瓦的瓦面变形容易控制,并具有良好的耐磨、抗裂性能、摩擦系数小、绝缘性能好、不需要刮瓦和不需要使用高压油顶起装置等优点。

二、推力轴承调整

推力轴承调整时大轴处于垂直位置,镜板的高程和水平符合要求,机组的转动部件处于中心位置。

1. 刚性支撑的推力轴承调整

(1)一般在推力轴承受力时,用测量轴瓦、支柱螺钉或轴瓦托盘变形或应力的方法检查受力,根据各块瓦受力的大小,相应地调整支柱螺钉的高低,变形或应力大的瓦降低支柱螺钉,变形或应力小的瓦升高支柱螺钉,反复多次检查和调整,使受力均匀。

(2)采用锤击套在支柱螺钉上的特制扳手,使支柱螺钉转动的方法调整刚性支撑的推力轴承。此时,在水轮机轴承处,用百分表监视大轴,锤击每块瓦时应使大轴平均有 0.05～0.10mm 位移,反复用相同锤击力锤击各块瓦的支柱螺钉,直至对锤击每块瓦的支柱螺钉时大轴的位移变化值的偏差(或每个支柱螺钉的转动角度偏差)符合要求。

2. 弹性油箱支撑的推力轴承

在靠近推力轴承的上、下两部导轴瓦抱紧的情况下,起落转子,转子落下并松开导轴瓦后检查各弹性油箱的压缩量,根据压缩量的偏差,调整支柱螺钉的高低,使压缩量的偏差达到要求。无支柱螺钉的弹性油箱支撑,可用加垫的方法调整各块瓦的高低,最终使弹性油箱的压缩量偏差达到要求。

3. 小弹簧多支点支撑的推力轴承

小弹簧多支点支撑推力轴承一般不必对轴瓦的受力检查和调整,只须按制造厂要求进行正确安装。

4. 带多个小支柱的可调支柱螺钉支撑的推力轴承

当轴瓦受力不均匀时,支柱螺钉的受力也不同,其压缩量不一样。根据用电子位移传感器测量的支柱螺钉的压缩量,可精确调整各瓦的受力。

5. 弹性梁双支点推力轴承

在镜板吊至推力瓦上后,调整镜板水平不大于 0.02mm/m。

在各推力瓦出油边与镜板无间隙时,检查各块瓦进油边两角与镜板的间隙,按各块瓦进油边两角与镜板的间隙的平均值之差,调整推力轴承底部的垫片,使各块瓦进油边两角与镜板的间隙的平均值之差符合要求。

6. 平衡块式推力轴承

在各块平衡块固定的情况下,起落转子,测量托瓦或上平衡块的变形或应力,根据各块瓦不同的变形和应力调整支柱螺钉,最终使各块瓦的变形和应力偏差符合要求。

发电/电动机的推力轴承的调整保证在镜板吊至推力瓦上后,水平偏差不大于 0.02mm/m 时,各瓦进出油边两角与镜板间隙平均值之差符合要求。

三、高压油顶起装置安装

高压油顶起装置的作用是在机组启动和停机过程中给推力轴承瓦面注入高压油,使机组在低速运行时仍能建立较好的油膜,保证推力轴瓦安全运行。在机组开、停机过程中,高压油系统能自动投入运行;当探测到机组发生蠕动时,该系统也能自动启动;在吊转子时也可投入该装置转动转子,便于转子找正;在机组轴线找正时也可投入高压油便于盘车时转子的转动。

高压油顶起装置由两台高压油泵(互为备用)、电气控制装置、阀组及管路系统组成。清洁的透平油经油泵升压后通过高压管路、单向逆止阀送到各块推力瓦。

高压油顶起装置安装时应符合下列要求:

(1) 系统油管路应清扫干净,用油泵向油系统连续打油,直至出油油质合格为止。按设计要求作耐油压试验,一般为额定工作压力的 1.5 倍,历时 30min;

(2) 溢流阀的开启压力应符合设计规定。各单向阀应在承受反向压力时作严密性耐油压试验,在 0.5 倍、0.75 倍、1.0 倍、1.25 倍及 1.5 倍反向工作压力下各停留 10min,均不得渗漏;

(3) 在工作压力下,调整各瓦节流阀油量,使各瓦的油膜厚度相互差不大于 0.02mm。

第六节 机组轴线调整

一、机组的轴线

1. 轴线及对轴线的要求

轴线是轴的几何中心线。由于水轮发电机结构形式的不同,其轴线的组成也不一样,一般由发电机上段轴、发电机主轴、水轮机轴组成,大型伞式发电机转子大都采用空心无轴结构,因此转子中心体也应属于机组轴线的组成部分。

如果镜板摩擦面与轴线绝对垂直,且各段轴线同心并无折弯,机组在旋转时,机组轴线与旋转中心线重合。但在实际运行过程中,由于制造加工误差和安装时的调整误差,机组的轴线与旋转中心线有一定的偏差。

机组轴线存在偏差,运行时就要产生摆度。轴线找正就是通过盘车的方式,用百分表或位移传感器等仪器测出有关部位的摆度值,经计算分析机组轴线产生摆度的原因、大小和方位,并通过处理,使镜板和轴线的不垂直或连接处的轴线折弯和不同心得以纠正,使轴线摆度减小到允许的范围内。

机组摆度的允许值,不同转速的机组及同一机组的不同部位均有不同的要求,如制造厂商无特殊要求,则按 GB/T 8564—2003 标准执行,具体要求见表 2-4。

表 2-4　机组轴线的允许摆度值(双振幅)及轴线折弯

盘车方式	测量部位	摆度类别	轴转速 n/(r/min)				
			$n<150$	$150\leq$ $n<300$	$300\leq$ $n<500$	$500\leq$ $n<750$	$n>750$
刚性盘车	发电机轴承处轴颈及法兰	相对摆度/(mm/m)	0.03	0.03	0.02	0.02	0.02
	水轮机导轴承处轴颈	相对摆度/(mm/m)	0.05	0.05	0.04	0.03	0.02
	集电环	绝对摆度/(mm/m)	0.50	0.40	0.30	0.20	0.10

盘车方式	测量部位	摆度类别	轴转速 n/(r/min)				
			$n<150$	$150\leqslant$ $n<300$	$300\leqslant$ $n<500$	$500\leqslant$ $n<750$	$n>750$
弹性盘车	镜板直径/mm		<2000		$2000\sim3500$		>3500
	镜板外圆轴向摆度/mm		0.10		0.15		0.20
多段轴折弯/(mm/m)			0.04				

注：1. 绝对摆度：指在测量部位测出的实际摆度值。

2. 相对摆度：绝对摆度(mm)与测量部位至镜板距离(m)之比值。

3. 在任何情况下，水轮机导轴承处的绝对摆度不得超过以下值：转速在 250r/min 以下的机组为 0.35mm；转速在 250～600r/min 以下的机组为 0.25mm；转速在 600r/min 及以上的机组为 0.20mm。

4. 以上均指机组盘车摆度，并非运行摆度。

2. 产生轴线摆度过大的原因及处理方式

(1) 镜板摩擦面和主轴轴线不垂直：

1) 若是镜板或推力头厚度不均匀造成的镜板摩擦面和主轴轴线不垂直，应刮削推力头底部，中小型机组也可在镜板与推力头之间加平整的经加工的金属斜垫的方式处理；

2) 若是推力头与主轴配合松动造成镜板摩擦面和主轴不垂直，应在厂内制造时加强配合公差的监测，及时在制造厂内处理，在工地推力头套装前也应检查配合尺寸；

3) 卡环松动或加工精度不够，应提高卡环精度或另行配制卡环，确保安装后卡环上、下接触面无间隙，但卡环处不得加垫。

(2) 机组轴系部件连接时不同心。松开连接螺栓，根据盘车数据调整后再次连接。若因连接面止口限制不能有效调整同心时，应打磨处理止口。

(3) 主轴弯曲。在工地很难处理，一般应返厂处理。并加强运输和储存过程中防止主轴变形的措施。

(4) 主轴连接法兰面与主轴不垂直。应刮削法兰面，中小型机组也可在法兰面之间加平整的经加工的金属斜垫的方式处理。

（5）机组轴系各部件的组合间隙超标。检查轴系各部件的组合间隙，如有缺陷，分析原因，找出位置进行相应的处理。

目前国内外水轮发电机的加工水平不断提高，先进的加工设备已在制造厂装备，工地安装的施工工艺也逐步完善，一般大中型电站的安装过程中（特别是伞式机组），机组轴线的盘车摆度都满足表3-4的要求，而不必作现场处理，机组的盘车，往往是作为轴线状态的例行检查。

二、轴线摆度的检查方式

用盘车的方法检查轴线是最常用的方法，根据机组设计结构的不同，机组的盘车方式可分为整体盘车和分体盘车。

整体盘车是指水轮机和发电机的主轴连接完成后进行的水轮发电机组的整体轴线的测量和找正，随着机组加工制造质量和安装水平的提高，一般都采用这种方法；分体盘车是指水轮机和发电机在未连轴状态下，对水轮机和发电机分别进行轴线的测量和找正。当对发电机部分进行盘车时，水轮机主轴和发电机主轴不连接。只有推力头布置在水轮机轴上时才有可能对水轮机单独盘车，此时，转子不吊入机坑。

具体的盘车方式有机械盘车、电动盘车、人力盘车和专用的盘车工具盘车等。

1. 盘车准备及盘车

（1）在轴线方向上对称安装、抱紧上导轴承方向的4块导瓦，调整导瓦与轴领的间隙为0.03～0.05mm，导瓦和轴领表面均匀涂抹透平油。

（2）启动高压油顶起装置，在推力瓦与镜板之间形成油膜。

（3）在镜板、导轴承及法兰水导轴承处，按顺时针方向分成8等份并顺序编号，各部分的对应等分点须在同一垂直平面上。

（4）认真检查转动部分与固定部分的间隙内应无杂物，发电机空气间隙用白布条拉一圈。

（5）上导、镜板的轴向和径向以及发电机大轴下法兰各部位,按+Y、+X方向各设置两块百分表作为各个部位测量摆度及相互校核用。要求表架固定牢靠,百分表测头应紧贴被测部位并与之垂直,被测部位表面应无毛刺、无凹凸不平并保持干净。

（6）在机坑的轴线方向设置两块百分表监测定子机座的变化情况。

准备工作完成后,各测量部位的百分表派专人监测记录,在统一指挥下,开始盘车,使转动部件按机组运转方向慢慢旋转,当测点转至百分表位置时,各测量部位的监测人立即记录百分表读数,如此逐点测出一圈八点的读数,并检查第八点的数值是否回到起始时的零值。前后盘车两次,以互相验证盘车结果。

2. 盘车结果的整理与分析

（1）根据百分表测量数据,计算各测量部位的轴颈摆度值、偏心值及在 X、Y 轴上的分量;根据空气间隙计算转子摆度及定子偏心;对推力轴瓦的动态受力检查可以检查镜板是否水平,转动部分是否垂直。

（2）根据盘车结果绘制轴与轴线折弯图,分析轴线折弯状态,为进一步调整提供依据。

（3）通过曲线图求出最大摆度值及其方位。

3. 调整

按设计公差和轴线状态确定各部位的摆度是否需要调整。如果在轴线检查时发现某段轴线的折弯情况超过规范要求,则需要会同厂家代表、监理工程师进行协商,轴线处理一般采用研磨卡环的方法。

第七节　水轮发电机附属设备安装

一、励磁系统安装

1. 励磁系统

励磁系统是为同步发电机提供可调励磁电流装置的组合。它包括励磁电源（励磁变压器及整流器等）、自动电压调节器、手动控制单元、灭磁、保护、监控装置和仪表。

励磁系统经历了从旋转励磁到静止励磁的发展过程,随着微机和大功率可控硅技术的发展,现代水轮发电机励磁系统多采用自并激(励)微机控制静止可控硅励磁系统,旋转励磁机已逐渐被淘汰。

静止整流励磁系统,由于省去了励磁机这样一个响应时间较长惯性较大的中间环节,有速度调节快的特点,因此得以迅速广泛应用。静止可控硅整流励磁系统按其组成结构可分为自并励、直流侧并联自复励、直流侧串联自复励、交流侧并联自复励(电相加)、交流侧并联自复励(磁相加)、交流侧串联自复励、用于抽水蓄能机组的他励—自并励混合励磁、自并励—他励混合励磁、具有正负励磁的自并励等九类。

我国与电网连接的大中型水电机组的励磁方式,近年已普遍优先选用晶闸管静止整流自并励励磁系统。因为它的电压响应速度快,可以用 ms 级时延从最大正电压转变到最大负电压,满足大电网稳定运行的需要,而且结构简单、体积小、制造和布置方便。

2. 励磁系统的安装

(1) 励磁系统安装场地的要求

励磁系统及装置的安装,应在室内建筑施工全部完成后进行。安装场地应清洁、干燥、通风。并应检查设备的安装基础及埋件应符合施工设计要求。

(2) 抽屉式结构的盘柜安装方法与要求:

1) 安装的盘、柜框架及盘面应无变形。抽屉推、拉操作应灵活轻便,无卡涩。

2) 整流功率柜的备品抽屉及相互间抽屉应有互换性。

3) 使用一次通风或密闭循环式空冷的整流功率柜、滤尘器不应堵塞。热交换器的冷却水路应通畅,并且不结露。

4) 对接插式抽屉应检查动、静触头接触压力,应不小于产品的规定值。抽屉的防滑出机械锁锭装置应可靠。

5) 抽屉内的电气连接螺栓和印刷电路板的插接应紧密可靠,接触良好。

（3）磁场断路器的安装：

1）传动机构、合闸线圈及锁扣机构的外部检查。分别在手动和电动两种操作方式下，检查传动与锁扣机构，其动作应符合产品标准。

2）接触导电部件的检查。检查灭弧触头和主触头动作顺序应正确，主触头的接触应灵活无卡涩，常闭触头的开距应符合规定，合闸后主触头接触电阻和超程均应符合产品技术条件要求，灭弧栅对地距离符合要求。所有连接件必须紧固。

3）DM 型灭磁开关灭弧系统的检查。检查灭弧栅栅片数量、配置、形状、安装位置，分流电阻的连接及其电阻值，灭弧触头的开距等，均应符合产品的技术要求。

（4）可控硅的拆装、电缆敷设和配线：

1）对螺栓型整流管或晶闸管应使用专用六角套筒板手拆装，装配时不宜过紧。对于平板型整流管或晶闸管，只能与散热器同时拆下，不得将晶闸管的管芯与散热器分开拆卸。

2）晶闸管的控制极回路引线不得与其他引线共缆。

3）整流管或晶闸管散热器在相与相之间和相与地（外壳）之间的最小距离，应符合制造厂设计的规定。

4）更换串、并联的整流管或晶闸管时应进行选配。

（5）屏蔽电缆的敷设与配线：

1）屏蔽电缆不得与高压或动力电缆敷设在一起。

2）屏蔽电缆应按设计要求可靠接地。

3）强、弱电回路应分开走线，以避免强电干扰。配线应美观、整齐，每根芯线的标志必须明显、清楚，不易褪色和破损。

4）从励磁变与整流柜的各相并联电缆长度应完全一致，排列应符合制造厂要求。

3. 励磁系统的调试

（1）励磁系统各部件的绝缘测定；

（2）励磁系统各部件的介电强度试验；

（3）自动励磁调节器各基本单元的试验（适用于模拟式调节器）；

（4）自动励磁调节器各辅助单元的试验；

（5）自动励磁调节器总体静态特性试验；

（6）励磁系统功率单元的均流、均压检查；

（7）自动励磁调节器电压整定范围的测定；

（8）手动控制单元调节范围的测定；

（9）发电机电压调差率的测定；

（10）自动励磁调节器的发电机的电压—频率特性试验；

（11）起励和逆变灭磁试验；

（12）自动/手动切换试验；

（13）励磁系统顶值电压和电压响应时间的测定；

（14）10%阶跃试验；

（15）发电机无功负荷从空载到满载调节试验；

（16）发电机甩负荷试验方法；

（17）PSS试验。

二、其他附属设备安装

1. 制动系统

（1）制动系统的组成。发电机、发电/电动机的制动系统有机械制动、电气制动与联合制动三种方式。

1）机械制动系统。由低压供气管路、排气管路、制动器、机旁制动控制柜和油压顶转子部分组成，20世纪90年代以来设计的发电机制动系统又增加了一套粉尘收集装置。发电机的制动气源一般由电站的0.5～0.8MPa的低压空气，通过管路输送到机坑内的制动器上，当机组转速降到额定转速的15%～30%时，投入压缩空气，顶起制动器的制动块，使之与发电机转动部分的制动环接触，形成摩擦力制动，当机组全停后，在制动器活塞缸通入反向压缩空气（或利用弹簧的拉力），使活塞下移，制动器复位；当需要顶起发电机转子时，将制动器进气管切换到高压油泵上，利用高压油顶起转子。制动器的布置方式有两种，一种是布置在制动器基础支墩上，另一种是布置在下机架支臂上；转动部分制动环的布置方式也有两种方式,一种是布置在转子磁轭底部,另一种是布置在转子支架下部。机械制动对各类机组均比较适应,目前在国内外的大型机组的制动方式中,仍占主导地位。

2) 电气制动系统。电气制动的工作原理是在发电机出线端设置三相短路开关,当发电机从电力系统解列后,停机过程转速降至50%额定转速时,在无励磁状态下,将三相引出线短路,再利用外加直流电源向转子绕组供给励磁电流,使定子短路电流达额定值,利用定子绕组的电阻损耗(有时外接附加电阻)及减速过程中的机械损耗,(包括水轮机转轮在水中的磨阻损耗、转子风摩损耗及轴承损耗)来吸收转动能量。实际使用中绝大部分采用混合制动,在电制动投入后,机组转速降至10%nr,并投入机械制动,加速停机。电气制动的具体方式有多种,如定子三相绕组直接短路方式、定子三相绕组外接附加电阻方式、定子绕组不对称短路方式等,对于可逆式发电/电动功机组,如果采用静止变频装置(SFC)作为水泵工况的启动手段时,可采用变频器逆变方式对机组进行电制动。当出现机组电气事故时,电气制动被闭锁,仍用机械制动。电制动投入过程中同样应闭锁变压器差动等保护。

3) 混合制动系统。由于机械制动和电气制动上的差异,在采用一种制动方式不能满足机组的制动要求时,采用机械制动和电气制动两种制动方式组合的混合制动方式。例如在较高转速下(如50%的额定转速)先投入电制动,然后在低速状态(如10%额定转速)下,投入机械制动。混合制动进一步缩短了机组的停机时间,但增加了操作回路的复杂性。

(2) 机械制动的安装:

1) 制动器安装:

① 无论是布置在下机架支臂上,还是布置在机坑内混凝土基础板上的制动器,安装前均应对制动器基础板的高程、水平、分布半径、分度圆进行检查,应符合制造厂的技术文件或 GB/T 8564—2003。

② 制动器在安装前,如制造厂无特殊要求,应进行设备

的分解清扫,并进行 1.5 倍工作压力的耐压试验,历时 90min,压降不大于 1%。同时用 0.5～0.7MPa 的压缩空气检查活塞上下动作的灵活性,撤压后活塞应能自动下落。

③ 制动器在安装时,应对其顶面高程、水平及分布半径进行严格控制,其中制动器安装高程的确定,应综合考虑水轮机座环、定子、下机架、转子磁轭或支架等部件的实际安装误差、轴系部件的实际加工尺寸及机组转动部分在运行时的下沉值等因素,以确保制动器闸板顶面与转子制动环的间距符合要求。

④ 制动器顶起后,顶起压力撤除后,活塞应能自动复归。

⑤ 目前,电站顶转子所用的高压油泵均为移动式,只有在机组进行检修时连接到制动器管路上,才可进行顶转子作业。

⑥ 目前在各大中型电站的设计中,机组的制动柜均为制造厂整体供货,在安装现场只需和系统管路连接,并冲洗,最终在机电联调时对动作值进行整定。

2) 管路及附件安装。由于制动器供气管路同时也是顶转子的高压油管路,因此制动系统管路及附件的安装应按照高压油系统管路安装的一般规定。管路的焊接一般采用氩弧焊打底、手工焊盖面的方法。全部安装完成后,应拆除酸洗并清理干净后回装。制动器及其管路系统安装完成后,应对整个系统进行耐压及密封试验,当制造厂无规定时,耐压值同单个制动器的耐压值。

2. 灭火系统

(1) 灭火系统的组成。发电机灭火有水喷雾灭火和 CO_2 灭火等方式。

1) 水喷雾灭火。水喷雾系统由灭火环管、喷头、温度探测器、烟雾探测器、消防电气操作柜、连接到消防水源的消防管路及附件组成。灭火水源一般从电站技术供水系统调压后经管路引至机坑外,经消防柜控制阀,再连接到消防环管上,或专门的消防水池或消防水泵提供的水源,消防用水的压力一般为 0.8MPa。定子灭火环管布置在定子绕组的上下两端;转子灭火环管布置在转子支架空气进口上下部,使水雾直接进入进气孔,沿空气循环途径经过转子绕组、定子绕组和定子铁芯。灭火环管一般由不锈钢或紫铜管制作,或其他能防锈蚀的管材。喷头布置能使水喷雾覆盖定子绕组部分,喷头由耐热材料制作,如蒙乃尔合金。温度探测器和烟雾探测器布置在发电机机坑内的相关位置,数量一般由机组容量和发电机外形尺寸决定。消防机械操作柜安装在发电机机坑外总消防供水管上。消防电气操作柜布置在发电机机坑外侧。

2) CO_2 灭火。采用 CO_2 时,需配置专门的 CO_2 发生装置,国外很多电站已经采用,国内生产的部分出口机组也按国外厂商的要求布置 CO_2 灭火系统。

(2) 水喷雾灭火系统的安装。水灭火管路在正式安装前应在安装场或厂房外合适的地方进行预装,并进行通水试验,以检查管路及喷嘴的畅通、水喷雾的形成及喷射距离、角度等,可对单个喷头进行试验。机组内的灭火环管安装位置应正确,与定子线圈的距离及喷嘴方向符合要求,管路固定牢靠。安装后应对系统进行通气试验,检查整个系统的畅通性。系统进行通水试验时,应将机组内部的管路隔离。

3. 自动化监测元件安装

发电机测温元件众多,对定子、轴承、油槽、风温、冷却水等处进行温度监测。机组的自动化监测设备也随着机组自动化程度的提高而越来越多,目前在大型发电机上经常配置的监测设备有气隙监测、振动摆度监测、局放监测等。另外还有油槽液位元件、压力元件、流量元件、油混水检测元件等。

(1) 测温装置的绝缘电阻,一般不小于 0.5MΩ。有绝缘要求的轴承,在每个测温元件安装后,用 250V 兆欧表检查绝缘电阻不小于 50MΩ。

(2) 定子线圈测温装置的端子板,如有放电间隙,其间隙一般为 0.3～0.5mm。

（3）轴承油槽密封前，应检查各电阻温度计的电阻值相互差不大于1.5％，对地绝缘良好。信号温度计指示应接近当时轴瓦温度。测温引线固定牢靠。

（4）温度计元件和测温开关盘柜上的标号，应与瓦号、冷却器号、线圈槽号一致。

（5）其他自动化元件因品种多，难以全面叙述，按产品说明书及设计图安装和调试。

第三章

辅助设备安装

第一节　辅助设备安装范围

辅助设备安装包括检修、渗漏、厂区排水系统,压缩空气系统,技术供水系统,透平油、绝缘油系统等的设备及管路、自动化元件等的安装、调试工作。

第二节　油系统安装

油系统包括透平油系统和绝缘油系统,透平油系统和绝缘油系统施工方法相同。油系统安装主要包括油系统管路安装和设备安装。

1. 油系统施工程序

油系统施工程序见图 3-1。

2. 管路和设备安装

(1) 油罐安装:

1) 设备临时支架安装。根据油罐地脚螺栓分布圆直径、支撑平面宽度和安装高度制作临时支架 4 个,安装临时支架,临时支架在圆周方向上均布,调整临时支架的高程和水平。临时支架调整完毕后和土建插筋焊接牢固。

2) 油罐安装。吊装油罐,将油罐放置在临时支架上,调整罐体垂直度、高程和方位满足要求后将油罐和临时支架点焊固定,焊接部位必须位于油罐支撑板外沿,防止焊接热量破坏罐体内壁的防腐层。

3) 油罐环形支墩浇筑。油罐安装完毕后,安装油罐地脚

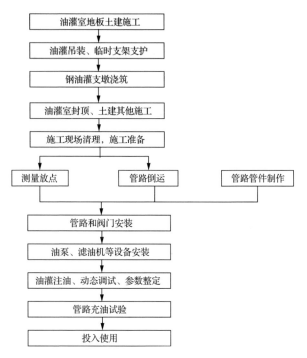

图 3-1　油系统施工程序

螺栓并固定,地脚螺栓应垂直。对油罐环形支墩立模,浇筑混凝土。在混凝土强度达到要求后,打紧地脚螺栓螺母。

(2) 管路和阀门安装。油管路要分初装和二次回装,为了便于拆卸采用大量的法兰连接。按照油管路布置图安装管路,管路做临时点焊定位。距阀门两端 300～500mm 的管路上加管路支架,防止管路直接受压。阀门安装前按规格型号进行抽样耐压和密封性试验(根据监理或厂家要求),检查手动操作的灵活性,并且清扫干净。连接阀门的法兰与管子的焊接必须脱开阀门单独焊接,不能连接在阀门上焊接。阀门的安装位置要便于手动操作和检修。连接阀门的螺栓均匀把紧,且螺栓同一方向穿入螺栓孔。

(3) 管路焊接。采用不锈钢管材时,管路点焊时使用相应不锈钢焊条施焊。管路预装完毕后,对管路进行统一编号,将管路拆除,对管路焊缝进行焊接。焊接时使用氩弧焊机施焊,若管径较大时,可采用氩弧焊打底,不锈钢焊条封面。

(4) 管路内壁清扫和回装:

1) 拆卸通过水压试验的初装管路,拆卸时按照供、排、回油管分别用钢字头给其编号防止二次回装时混淆;

2) 焊接法兰和管路内部接口,用扁铲、钢丝刷等清扫管路连接法兰处的焊接飞溅、焊瘤和氧化铁;

3) 管路内壁用酸洗的办法清扫,酸洗池用水轮机调速器管路酸洗池;

4) 酸洗过的管路用干净的塑料和白布包好管口,防止脏物进入管内;

5) 经过酸洗的管路按照初装的顺序依次和阀门装配,完成管路二次回装。

(5) 油泵和滤油机等设备安装。将油泵、压力滤油机、透平油滤油机等设备倒运到油处理室,按照图纸设计要求进行摆放就位,并调整其高程、中心、水平,使符合设计要求。

(6) 系统测量表计的安装。油系统的测量表计包括压力表、压力传感器、温度计、油位信号器等,安装前对它们要进行校验,安装时按照随机技术文件要求的安装方法和安装工艺进行安装,安装位置按照设计图纸上的尺寸来确定。

(7) 管路防腐:

1) 用电动钢丝刷清除表面所有影响防腐质量的杂质;

2) 不锈钢管只根据设计要求涂刷标志面漆;

3) 防腐时要注意环境温度、空气湿度、温度过低、湿度太大时停止防腐作业,采取保温除湿措施后方可作业,要有防冻防火防水等措施;

4) 喷涂油漆的漆膜要均匀、无堆积、皱纹、气泡、掺杂、混色与漏涂等缺陷。

3. 系统充油和管路充油

(1) 油罐注油:

1) 油罐检查。对油罐内壁防腐层进行彻底检查,不允许存在起皮、脱落现象,对油罐内壁进行彻底的清扫,工作完毕不得遗留杂物。

2) 油罐充油:

① 准备注入油罐的新油必须牌号正确、具备合格证和油样化验证明,油的各项指标应满足规范要求;

② 关闭油罐上的所有阀门;

③ 通过滤油机将新油从注油孔注入油罐,根据油罐上的油位计判断油位,油位不得超过设计规定的数值。

(2) 管路充油。在管路安装完毕后,使用滤油机向管路分段充油,检查管路的密封情况。

4. 管路水压试验

1) 编写水压试验方案(耐压试验和密封性试验)。

2) 管路水压试验的压力要求:

① 如设计无要求时将设计工作压力的 1.5 倍作为耐压试验压力。

② 升压过程要缓慢,同时检查管路焊缝、连接法兰和安装测量表计的位置是否有渗漏,压力升到 1.5 倍的设计工作压力后保压 30min 无渗漏。

③ 耐压试验完成后将压力降到设计工作压力的 1.0 倍并保持 15min 作密封性试验,检查整个管路焊缝、连接法兰和安装测量表计的位置是否有渗漏,如无异常则水压试验完成。

5. 系统调试

系统调试参照设备、各种阀门等的随机技术文件和制造厂家的现场技术代表的指导下进行,包括设备启动运转试验和充油检查等。

第三节　中低压气系统安装

电站一般设置中压和低压两个压缩空气系统。中压气系统用于油压装置的充气、补气;低压气系统供机组制动、主轴检修密封空气围带、风动工具及吹扫等用气。

（1）中压气系统主要包括中压空压机、中压储气罐及相关的管路、仪表的安装。

（2）低压气系统包括制动供气系统和检修供气系统，两系统分开单独供气。主要安装的设备包括低压空压机、低压储气罐及相关的管路、仪表的安装。

1. 压缩空气系统施工方案

（1）压缩空气系统是机组运行的必要条件，因此在首台机组发电前，压缩空气系统设备应全部安装调试完毕并投入使用；

（2）压缩空气系统管路在首台机组发电前完成全部供气干管的安装，每台机组段的供气干管和支管随各台机组的安装进行施工；

（3）设备主要布置在空压机室，一般情况下主厂房桥机无法吊装到位，均需要土法倒运就位；

（4）压缩空气管路漏气时严重影响供气质量，导致用气设备不能得到足够的压力来压缩空气，同时也加重了空压机的负担、导致频繁启动，所以要将管路安装质量作为工作的重点，从管路装配和焊接、管路充气检查等环节入手，消灭泄露点，保证系统正常工作。

2. 压缩空气系统安装

（1）主要设备安装：

1）储气罐安装：

① 检查储气罐外接口是否密封完好，检查罐体外部焊接管路是否完好，检查储气罐内部防腐层是否完好，清除内部脏物；

② 储气罐安装前按《压力容器》(GB 150—2011)要求进行强度耐压试验，记录试验过程和结果并报监理人；

③ 按照施工图纸设计的位置安装储气罐，在安装位置上方楼板预埋的钢板上焊上吊耳，利用手拉倒链将储气罐吊放到基础上，用垫片或楔子板调整其高程，同时调整中心和水平，调整合格后将储气罐和基础固定，待回填的混凝土凝

固后打紧地脚螺栓,并复测其安装尺寸。

2）空气压缩机安装：

① 检查空气压缩机的主要技术参数符合设计要求,检查空气压缩机外观应完好、无撞击和损伤痕迹。

② 将空压机利用三脚架和手拉倒链吊放到基础上,通过加垫铜皮调高程、水平。高程和中心位置符合设计、规范要求。

3）气水分离器安装。安装气水分离器,调整高程、外壁垂直度和管口方位偏差满足规范要求后,将气水分离器固定在基础上。

（2）管路安装。气系统管路装配工艺和水系统的管路装配工艺要求基本一样,根据设计要求不同有如下不同点：

1）部分气系统管路工作压力等级高,对于焊缝质量要求也更高,在管路对接时用管接头连接来增大焊接高度和强度；

2）法兰连接选用高压法兰,确保管路的强度；有时为了保证气管路的密封性法兰采用凸凹法兰；

3）对高压管路的管路焊缝可能按照设计或机组供货商的要求进行无损检测探伤。

（3）阀门安装：

1）阀门安装前按规格型号进行抽样耐压和密封性试验（根据监理或厂家要求）,检查手动操作的灵活性,并且清扫干净；

2）连接阀门的法兰与管子的焊接必须脱开阀门单独焊接,不能连接在阀门上焊接；

3）阀门的安装位置便于手动操作和检修；

4）连接阀门的螺栓均匀把紧,且螺栓同一方向穿入螺栓孔；

5）距阀门两端 300～500mm 的管路上加管路支架,防止管路直接受压。

（4）系统测量表计的安装。气系统的测量表计包括压力表、压力传感器、温度计等,安装前对它们要进行校验,安装时按照随机技术文件要求的安装方法和安装工艺进行安装，安装位置按照设计图纸上的尺寸确定。

3. 压缩空气系统施工程序

中压压缩空气系统和低压压缩空气系统大致相同，为此采用相同的施工程序，施工程序见图 3-2。

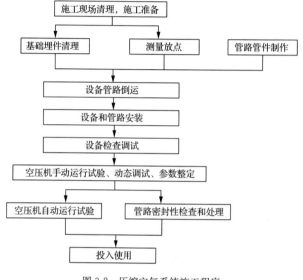

图 3-2　压缩空气系统施工程序

4. 压缩空气系统的调试和试验

（1）空压机启动前检查和调试：

1）空压机检查：

① 检查空压机润滑和冷却油油位，检查润滑油油质，润滑油不足时应加注，加入的润滑油牌号应符合厂家安装指导书的要求；

② 检查缸盖等处的螺栓紧固情况；

③ 手动盘车，检查转动部分应平稳，无异常的擦、碰声音。

2）其他部位检查：

① 做电磁阀动作试验,应正常、迅速;

② 对压力传感器、压力表进行检验和整定。

(2) 空压机启动试验和系统调试:

1) 空压机首次启动试验:

① 打开空压机出口至储气罐的所有管路控制阀门,打开储气罐排气阀,使空压机能够无负荷运行;

② 点动空压机控制开关,检查空压机电动机转动方向;

③ 启动空压机,空压机启动过程中严密注意空压机各级排气压力、润滑油压力,监听空压机有无异常的震动和碰撞声音。

④ 检查一切正常后,空压机开始做无负荷试运转,试运转时间为 4~8h,试运转期间同样严密注意曲轴箱油温、润滑油压力等。

2) 空压机带负荷试运转。空气压缩机带负荷时负荷应分段递增,在额定压力的 25％ 运行 1h,分别在额定压力的 50％、75％运转 2h,在额定压力下运转 4~8h。在试运转过程中检查润滑油压、各处温升应满足设计要求,各级排气压力和温度符合设计要求;空压机运行声音正常;无渗油、漏气、漏水现象。

3) 空压机自动运行试验。将空压机控制方式切换到自动位置,人为改变储气罐压力,检查主用空压机和备用空压机自动启动、自动停止的功能,检查各动作压力值是否满足设计要求,检查主用空压机和备用空压机互相切换功能,检查自动化元件工作的准确性和可靠性。

(3) 管路和设备密封性能检查:

1) 在储气罐压力升高后,关闭空压机出口的阀门,根据储气罐压力的变化检查空压机到储气罐的管路、储气罐本体和附件的密封性能,如果压力下降较快应找出漏点并进行处理;

2) 管路检查。打开储气罐到供气管路的控制阀门,检查供气管路的密封情况,对漏点进行仔细检查和处理。

第四节 供排水系统安装

1. 技术供水系统安装

技术供水系统为发电机空气冷却器、轴承润滑油冷却提供冷却用水、主变冷却用水以及主轴密封提供润滑用水。

技术供水系统施工方案：

1) 技术供水系统施工流程(见图 3-3)。

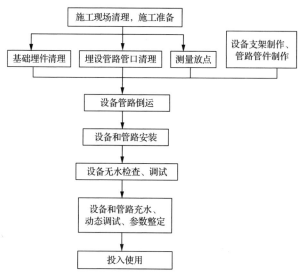

图 3-3 技术供水系统安装程序图

2) 技术供水系统施工要求。水力机械辅助设备除厂家已铅封或标明"不能拆卸"的设备或部件外,都应进行全面分解、清扫。按国家、部颁标准及制造厂提供的图纸、使用说明书进行检验和安装调整。按规定逐台进行试运转,检验其性能是否达到制造厂保证的各项指标,并满足电站设计要求。所有试运转记录、出厂合格证要交发包单位验证,并随竣工资料移交。现场配制的管道及管路附件应按规定进行耐压或渗漏试验。

3）技术供水系统主要设备安装：

① 清扫和检查：

a. 检查预埋管道的管口位置，拆除管口堵板，根据需要对埋管进行冲洗；

b. 根据制造厂家的技术要求，对设备进行分解检查、清洗；

c. 根据安装指导书和设备本体标示确定设备安装方向。

② 基础安装。按照测量点，安装设备基础，调整其水平和方位偏差符合规范要求。

③ 设备安装：

a. 自动滤水器安装。将滤水器倒运至安装位置就位，调整滤水器高程、外壁垂直度、进出口方位满足规范要求，将滤水器和基础固定。

b. 技术供水泵安装。将水泵二次运输至安装位置就位，调整水泵高程、进出口法兰垂直度、进出口方位满足规范要求，将水泵和基础固定。

c. 中间水箱安装。将中间水箱二次运输至安装位置就位，调整高位水箱高程、垂直度等满足规范要求后，将高位水箱和基础固定。

④ 管路安装：

a. 根据设备位置、预埋管路管口位置和管路布置图安装管路、阀门、压力变送器、压力表等；

b. 按照规范和设计要求对管路涂漆，标明水流流向；

c. 按照阀门编号图对阀门进行编号和挂牌。

2. 排水系统安装

排水系统包括机组检修排水系统、厂房渗漏排水系统。机组检修排水系统是在机组检修时用以排除流道积水，以及流道进、出口闸门的漏水。机组检修排水选用3台检修深井泵。厂房渗漏排水系统主要用于排除水工建筑物渗漏水、机电设备管路渗漏水、结露水、主轴工作密封漏水等。

（1）排水系统施工方案。排水系统用于排除厂房渗漏水和大坝渗漏水及检修机组时流道内的积水,为此在首台机组发电之前厂房渗漏排水和大坝渗漏排水系统要完成安装和调试工作并投入使用。检修排水可随各台机组安装完成。由于受施工环境限制,厂房桥机无法将设备直接吊装到位,需要土办法倒运及三角架吊装,具体施工方案将依实际情况编写施工措施报监理工程师批准实施。

(2)排水系统施工工程序与技术供水系统相同。

(3)排水系统安装:

1)深井泵安装:

① 泵座安装:

a. 通常深井泵的混凝土基础墩预留150mm×150mm的地脚螺栓孔,把深井泵的泵座连带地脚螺栓一起吊到混凝土基础墩上。

b. 粗调高程和水平,然后固定地脚螺栓提起泵座回填混凝土。

c. 等混凝土凝固后把泵座落到混凝土基础墩上安装扬水管,扬水管安装好后,打紧地脚螺栓,调整水平度符合设计要求。

② 扬水管安装:

a. 清扫分节扬水管、传动轴,清除扬水管连接法兰表面的毛刺、高点、油污等。

b. 按照制造厂家的随机技术文件和在厂家代表的指导下安装扬水管、传动轴,注意它们的先后连接次序,不能混装。

c. 传动轴以螺纹联轴器连接时,两轴端面要紧密贴合,两轴旋入连轴器的深度要相等,螺纹部分加润滑油。

d. 螺纹连接的扬水管相互连接时螺纹部分加润滑油,不能填入麻丝、铅油,管子端面与轴承支架贴合或两管直接贴合,两管旋入联轴器的深度相等;法兰连接的扬水管连接螺栓的拧紧力矩要均匀。

e. 每连接3~5节扬水管后要检查转动部分的灵活性。

f. 轴与扬水管的同轴度调整后装入轴承体。

g. 泵组装后泵轴转动部分无卡阻现象,轴向窜动量符合设计要求。

③ 驱动电机安装:

a. 驱动电机与底座紧密贴合,其间不得加垫,当驱动电机轴与电机空心轴不同轴时在泵座与基础间加垫调整,使两轴同心。

b. 装配轴承冷却和密封水管路。

2) 管路装配。管路安装时根据现场安装尺寸精确下料,就位后无扭曲或附加力。在具体位置没有详细尺寸标定的地方,管路安装尽可能地靠近墙壁、天花板和柱子等,以使占据的空间最小。图纸里没有明确表示或说明的管路要求平行于建筑物边线布置。施工时必须预留适当的管路收缩或膨胀余量,螺旋焊接钢管对接时要错开钢管的制作焊缝100mm。管路安装前要按照设计图纸制作各类管路支架、吊架。

不同连接方式的管路安装工艺:

① 法兰连接:

a. 法兰密封面上不得有划痕、毛刺、斑痕等影响密封效果的缺陷;

b. 水平管路上安装的法兰要垂直,垂直管路上安装的法兰要水平;

c. 法兰密封垫选用橡胶板或石棉板,密封垫的大小略大于法兰密封面,不得凸到管子里面;

d. 法兰连接螺栓用扳手均匀把紧,而且螺栓均朝一个方向;

e. 法兰和管子焊接时要保证管子和法兰的搭接量,一般要求管子插入长度为法兰厚度的 2/3,使用焊条的规格型号、焊缝焊接高度等遵照焊接工艺执行。

② 焊接连接:

a. 对接管口要修理坡口,坡口用乙炔-氧气割枪割出,用角磨机打磨,清除影响焊接质量的氧化铁;

b. 管子对接时要同心,接口错牙不得超过 1mm,对接缝的间隙不小于 2mm；

c. 根据不同的焊接管材来选择焊条的规格和型号。管子焊接时保证焊透，焊缝表面不得有焊瘤、凹坑、咬边等缺陷，更不能有漏焊，焊接高度满足设计要求；

d. 和设备相连的管路焊接时从设备上拆下来再施焊，防止焊渣进入设备造成损坏。

③ 螺纹连接：

a. 所有管路在下料后攻丝前要修整并清除毛刺，然后加工出管螺纹，且不能有划痕或粗糙的螺纹表面；

b. 安装后，管路上暴露在空气中的螺纹长度不能超过三圈；

c. 螺纹连接时要缠绕密封带或涂抹密封胶保证螺纹连接的密封，螺纹的前二扣不能有密封材料，以免其堵塞管路，使用润滑油时只能涂在外螺纹上。

④ 阀门安装：

a. 阀门安装前按规格型号进行抽样耐压和密封性试验，检查手动操作的灵活性；

b. DN300 以上的阀门要有独立的支架，阀门两边的连接管不宜过长，防止应力集中；

c. 连接阀门的法兰与管子的焊接必须脱开阀门单独焊接，不能连接在阀门上焊接；

d. 阀门的安装位置便于手动操作和检修。

排水水系统的测量表计包括压力表、压力传感器、温度计、示流信号器等，安装前对它们要进行校验，安装时按照随机技术文件要求的安装方法和安装工艺安装，其安装位置按照设计图纸上的尺寸确定。

（4）排水系统调试和试验：

1）单个元件功能测试。在检查各个电气控制设备绝缘情况良好的情况下，对电动阀门做手动和电动动作试验，对电磁阀做电动动作试验，各元件动作应正常、可靠。

2）元件联动试验。检查水泵启停等自动化控制程序，确认整定值。

（5）排水系统抽水试验和调试：

1）试验条件：

① 集水井内水位达到最低运行水位以上。

② 电气系统已经完善。

2）水泵启动前检查。检查水泵底座基础螺丝是否拧紧，检查泵座、螺栓松紧程度、电动机各轴承内的润滑油是否加够。

3）水泵抽水试验：

① 打开排水管路上所有的阀门，并确认处于开启位置。

② 点动水泵电机电源开关，检查电机转动方向是否正确，反向时应调整电源接线。

③ 启动水泵，检查水泵电机启动电流和运行电流是否正常、水泵有无异常的震动和声音，检查水泵出口压力，检查轴承温度是否正常。

④ 在水泵排水管出口出水后，停泵，检查止回阀动作情况，如果撞击声音和震动过大，应对止回阀进行调整；检查水泵防倒转装置，应动作可靠。

4）水泵自动运行调试：

① 将水泵控制开关切换至自动位置，将 PLC 控制装置切换至自动运行位置。

② 在集水井水位信号在水泵启动水位以上时，检查水泵自动启动的功能和各个元件的动作程序。

③ 在一切正常后排水系统做试运行试验，每台在额定负荷下试运转不少于 2h。

（6）排水系统投入使用：

1）初期运行监视。排水系统初期运行时设备情况较不稳定，部分问题未暴露出来，所以在初期运行期间，指派专人现场值班，对系统工作情况进行监视，便于问题的及时发现、及时处理，防止酿成事故。

2）系统正式投入使用。系统经过初期运行的考验后，设备运行情况趋于稳定，可正式投入自动运行。

第五节　水力监测系统安装

1. 水力监测系统分全厂性测量和机组段测量两部分设置监测项目

电站一般设置下列常规监测项目：

1）电站上、下游水位及毛水头测量；

2）水轮机净水头测量；

3）进水口拦污栅前后的水位差测量；

4）通过水轮机的流量测量；

5）水轮机过流部分的压力和压力真空测量。

水力监测系统施工程序见图 3-4。

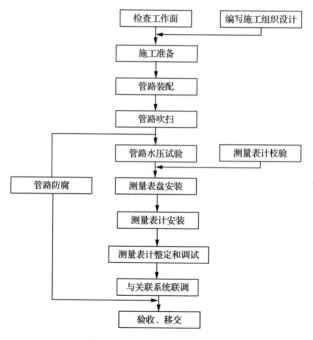

图 3-4　水力监测系统施工程序

2. 水力监测系统设备安装

1) 监测设备安装:

① 测压嘴按设计图纸安装前,先拆除每个测点堵头进行通水检查,然后进行安装;

② 在施工过程中所有测点及管口均应封堵严密;

③ 水力监测系统管路及阀门在安装完成后,在测量口位置进行压力试验;

④ 压力表、压力变送器、温度传感器、机组振动摆度测量装置、热力学法效率测量装置、差压测流装置等自动化设备在安装之前进行校验,再按施工图纸要求进行安装。

⑤ 水位计安装:

a. 水位计安装前按厂家技术要求进行校核检查;

b. 按施工图纸和设备制造厂技术文件的要求确定底节水位计套管安装高程,并固定底节套管;

c. 以水位计底节套管为基准,采用铅锤线法(即吊线锤法)从下至上逐节进行调整、加固直至顶端,控制垂直度偏差符合施工图纸或产品说明要求;

d. 水位计安装时,固定电缆的法兰孔口应平滑,不得损坏电缆,转换器固定支架应牢固可靠。

2) 设备调试。设备安装及电器接线完成,按设计和元件说明书要求对各自动化元件进行调整与试验。

第六节　通风空调系统安装

1. 施工程序

(1) 风机管路安装:施工准备→设备清点→测量放样→风管支吊架安装→风管就位→风管高程、中心、里程调整→风管固定。

(2) 风机等设备安装:施工准备→设备清点→测量放样→设备基础定位→设备就位→设备调整、固定→调备试运转。

2. 安装方法及工艺措施

(1) 施工准备。熟悉图纸、设备说明书,编制施工作业指导书,如:设备与通风管道安装施工技术要求、施工措施、质量与安全章程、措施等。施工作业指导书下发到班组,并举办不同形式的技术交底,让每一位参与安装的员工熟悉安装方法及工艺。有监理、业主、厂商、施工等单位代表在场的情况下,及时对所到设备进行开箱清点检查,形成验收文字记录,发现问题立即通知各方并及时按监理工程师指令进行处理。检查、清点配置的各种施工设备与工器具性能状态是否正常。特别是起吊设备时,要根据起重量合理选用吊具,防止搬运或吊装时造成设备损伤。检查施工设备、管路材质、规格是否满足设计要求。进口设备还应有国家商检部门的合格证明。设备就位前,对安装基础尺寸进行检验(含土建单位预埋部分),合格后再进行设备安装。

(2) 施工工艺细节说明:

1) 通风、空调设备安装:

① 在安装风机、空调前,先对风机、空调进行外观检查,符合以下规定后方可安装:

a. 根据设备装箱清单,核对设备名称、型号、规格、传动方式、旋转方向和进出风口位置;检查其全压偏差、全压效率、噪声等是否符合设计要求和装箱件及附件数量;外观检查有无损伤。

b. 通风机传动装置的外露部位以及直通大气的进、出口,必须装设防护罩(网)或采取其他安全措施。

c. 叶轮旋转方向应符合设备技术文件的规定,叶轮和机壳间隙均匀,无碰壳的现象;叶轮旋转应平稳,停转后不应每次停留在同一位置上。

d. 进风口、出风口应有盖板遮盖。各切削加工面,机壳和转子不应有变形或锈蚀、碰损等缺陷。

② 风机在安装时,要保证机体水平,并要与周围构筑物加固牢靠,防止风机运行时产生剧烈震动。

a. 屋顶通风机的混凝土基础与设备核对无误后再浇筑;基础应按设计要求施工,表面应平整;固定风机的地脚螺栓应拧紧,并有防松动措施;柜式风机箱用吊架安装,吊架牢固可靠,吊架与柜式风机箱用双螺母锁紧;管道式排气扇直接安装在吊顶上。

b. 通风机搬用和吊装的绳索不得捆绑在转子和机壳或轴承盖的吊环上。

c. 按要求安装风机的隔振钢支、吊架,其结构形式和外形尺寸应符合设计或设备技术文件的规定;焊接应牢固,焊缝应饱满、均匀。安装隔振器的地面应平整,各组隔振器承受荷载的压缩量应均匀,高度误差应小于2mm。

d. 通风机的进、出风口与风管间采用柔性连接,风机的进风管和出风管应有独立的支撑,并与基础连接牢固;风管与风机连接时,法兰面不得硬拉和别劲,机壳不应承受其他机件的重量,防止机壳变形。

2)风管的安装。风管安装时,应对安装好的支、吊、托架进一步检查位置是否正确、牢固可靠,支架的形式、宽度应符合设计要求。经检查合格后方可安装。在安装过程中按照先干管后支管的顺序进行。并应注意以下问题:

① 风管内严禁其他管线穿越;输送含有易燃、易爆气体或安装在易燃、易爆环境的风管系统应有良好的接地,通过其他辅助生产车间时必须严密,不得设置接口;室外立管的固定拉索严禁拉在避雷针或避雷网上。

② 在风管穿越需要封闭的防火防爆墙或楼板时,应预埋管或防护套管,其钢板厚度不应小于1.6mm。风管与防护套管之间,应用阻燃且对人体无危害的柔性材料封堵。

③ 风管的连接应平直、不扭曲;明管安装水平度允许偏差为3/1000,总偏差不应大于20mm;其垂直度允许偏差为2/1000,总偏差不应大于20mm;暗装风管的位置,应正确、无明显偏差。

④ 风管连接采用法兰连接,连接处应严密、牢固;风管法兰的垫片材质应符合系统功能的要求,厚度不应小于3mm,垫片不应凸入管内,亦不宜凸出法兰外。每个系统允许漏风量小于5%。

⑤ 风管与砖、混凝土风道的连接口,应顺着气流方向插

入,并应采取密封措施;风管穿出屋面处应设有防雨装置。

⑥ 风管支吊架可用膨胀螺栓与楼板或墙壁固定,支吊架间距 3.5m 左右。

⑦ 风管吊架采用可调整高低的螺栓连接,吊架不得直接吊在法兰上;风管的调节装置,应安装在便于操作的部位。

⑧ 风管吊架的基础螺栓,应使用核定的钢质膨胀螺栓牢固安装,埋入部分不得油漆,并应除去油污。

3) 防火阀的安装:

① 防火阀应安装在便于操作及检修的部位,安装后的手动或电动操作装置应灵活、可靠。

② 防火阀安装方向、位置应正确;为防止易熔片脱落,易熔片应在系统安装完成后再装。易熔片应迎着气流方向。阀板应启闭灵活,关闭保持严密。动作可靠;防火分区隔墙两侧的防火阀,距墙表面不应大于 200mm。

③ 防火阀直径或长边大于等于 630mm 时,设独立支、吊架。

4) 百叶风口的安装:

① 百叶风口的安装,保证其正常的使用功能,并便于操作。

② 百叶风口与风管的连接应紧密、牢固,与装饰面相紧贴;表面平整、不变形,调节灵活、可靠。条形风口的安装,接缝处应衔接自然,无明显缝隙。同一房间内相同风口的安装高程一致,排列整齐。明装无吊顶的风口,安装位置和标高偏差不大于 10mm;风口水平安装,水平度的偏差不大于 1.5/1000;风口垂直度安装,垂直度偏差不大于 1/1000。

5) 防腐、隔振和消声工程的安装:

① 防腐:

a. 涂漆施工时,采取防火、防冻、防雨等措施,不在低温或潮湿环境下作业;明装部分的最后一遍色漆,在安装完毕后进行。

b. 喷、涂油漆的漆膜,应均匀、无堆积、皱纹、气泡、掺杂、混色与漏涂等缺陷。

c. 通风空调设备、部件的油漆喷涂，不得遮盖铭牌标志和影响部件的功能使用。

d. 支、吊架的防腐处理应与风管或管道相一致，明装部分按要求涂面漆。

② 隔振：

a. 通风设备和空气处理机组采用型钢隔振台座，或可将隔振器直接安装于型钢底座之下。

b. 通风设备和空气处理机组与风管之间，采用防腐帆布软接头；水泵与进出水口间采用橡胶挠性接管。

c. 管道敷设时，按设计要求每隔一定距离设置管道隔振吊架或隔振轴承，水平管道隔振吊架沿管道方向的吊架间距不宜过大；管道穿越墙、楼板（或屋面）时，采用软连接方式。

③ 消声：

a. 消声器安装前应保持干净，做到无油污和浮尘；消声器安装的位置、方向应正确，与风管的连接应严密，不得有损坏与受潮。两组同类型消声器不宜直接串联；现场安装的组合式消声器，消声组件的排列、方向和位置应符合设计要求。单个消声器组件的固定应牢固；消声器、消声弯管均应设独立支、吊架。

b. 通风设备与风管之间应合理连接，使气流进、出风机时尽可能均匀，不应有方向或速度的突然变化，增加气流再生噪声。

（3）系统调试：

1）采暖、通风工程安装完毕，必须进行系统的测定和调整（简称调试）。系统调试应包括下列项目：

① 设备单机试运转及调试；

② 系统无生产负荷下的联合试运转及调试。

2）设备单机试运转及调试应符合下列规定：

① 通风设备叶轮旋转方向正确，运转平稳，无异常振动和声响，其电机运行功率应符合设备技术文件的规定。在额定转速下连续运转 2h 后，滑动轴承外壳最高温度不得超过 70℃；滚动轴承不得超过 80℃；

② 通风设备运行时,产生的噪声不宜超过产品性能说明书的规定值;

③ 电控防火阀(口)的手动、电动操作应灵活、可靠,信号输出正确。

3) 系统无生产负荷的联合试运转及调试应符合下列规定:

① 系统总风量调试结果与设计风量的偏差不应大于10%;

② 通风系统联动试运转中,设备及主要部件的联动必须符合设计要求,动作协调、正确,无异常现象;

③ 通风系统经过平衡调整,各风口的风量与设计风量的允许偏差不应大于15%;

4) 通风系统的控制和监测设备,应能与系统的检测元件和执行机构正常沟通,系统的状态参数应能正确显示,设备联锁、自动调节、自动保护应能正确动作。

第四章

电气设备安装

第一节 发电机电压配电设备安装

一、施工工艺流程

施工工艺流程见图 4-1。

二、准备工作

1. 技术准备

（1）参加监理单位组织的土建现场验收工作，按设计图纸检查各种预留孔、预埋件的尺寸和位置符合设计要求；

（2）组织所有施工人员熟悉图纸和安装说明书，进行技术交底；

（3）根据设计图纸及设备出厂技术文件，编制详细的施工措施，在工程开工前报监理审批。

2. 现场准备

（1）设备安装场地土建施工结束，设备安装条件具备；

（2）检查疏通预埋管路、埋件等位置准确，符合设计要求；

（3）布置好施工用临时电源及临时照明、消防等设施；

（4）清理安装现场，满足设备安装要求；

（5）施工前根据施工图纸要求进行测量放点，并在适当位置作好记号以便安装复核。

3. 材料准备

（1）根据施工情况，提前准备施工用工器具及所需材料。

（2）会同监理、发包人代表及厂家代表一起对到货设备进行开箱验收，检查设备外观是否完好，检查设备内部元、部

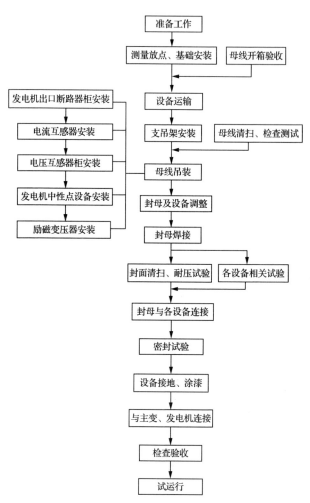

图 4-1　发电机电压配电设备施工流程

件,备品备件及资料是否齐全,型号、规格、数量与设计及订货要求相符,设备符合订货合同中规定的要求和技术标准;收集保存好设备的出厂检验记录和合格证书。开箱检查中发现问题及时通知监理人。验收合格后,由监理人签字认可。

三、励磁变压器

（1）变压器运输就位后，根据测量点位，调整好变压器中心位置，并调整变压器水平度和垂直度达到规范要求，然后将变压器基座与基础槽钢焊接牢固；

（2）安装变压器的防护外罩，防护罩的中心与变压器的中心重合，且防护外罩安装垂直，固定牢固；

（3）安装变压器测温保护装置、带电显示器等附件；

（4）按照有关标准及制造厂的技术要求进行现场试验；

（5）变压器安装完毕带电前，应进行全面检查，清除设备积灰及周围其他遗留物。

四、接地变压器

（1）按照图纸检查埋设基础。

（2）对接地变压器柜内部件进行清扫、调整、电气试验。

（3）进行接地开关的调整，操作应灵活。设备固定可靠，外观完整，电器连接牢固。

（4）设备外壳及接地变接地端与地网连接可靠。

（5）发电机中性点设备安装时，首先对 CT 进行清扫、检查（包括其外观检查、绝缘电阻、极性变化及其他电气试验检查），并做好记录，然后根据图纸进行 CT 的安装。中性点母线的焊接工作由负责主封闭母线施工的焊工承担，质量按母线施工要求进行。

五、发电机断路器及电压互感器设备

1. 发电机断路器成套装置安装

（1）根据测量放点安装发电机断路器基础。调整基础埋件其不平度（1mm/m），不直度（1mm/m），位置误差（5mm）。

（2）调整断路器三相相间中心距离的误差不应大于 5mm。

（3）安装时根据制造厂技术规范，进行断路器就位调整，其水平度、垂直度必须符合厂家要求和国家规范。调整后与基础固定牢固。

（4）接线端子的接触表面应平整、清洁、无氧化膜；镀银部分不得挫磨;软连接部分不得有折损、表面凹陷及锈蚀。

(5)断路器安装完成并检查合格后,进行断路器的操作与调整,断路器操作与调整时应先手动操作、后电动操作。

(6)断路器就位、调整完成后,油漆应完整,相色标志正确,接地良好。

(7)按设计要求进行柜内二次电缆配线。

(8)在厂家技术人员指导下进行断路器的各项检查试验及调试项目。

2. 电压互感器及避雷器柜安装

(1)按照厂家安装说明书和《电气装置安装工程　电力变压器、油浸电抗器、互感器施工及验收规范》(GB 50148—2010)、《电气装置安装工程　接地装置施工及验收规范》(GB 50169—2016)、《电气装置安装工程　盘、柜及二次回路接线施工及验收规范》(GB 50171—2012)等施工规范的规定进行。

(2)基础埋件位置正确、平整,不平度<1mm/m,不直度<1mm/m,位置误差<5mm。

(3)与封闭母线的连接不应使母线及外壳受到机械应力。

(4)互感器的变比分接头位置和极性应正确。

(5)二次接线端子应连接牢固,绝缘良好,标志清晰。

(6)接地可靠、良好。应保证工作接地点有两根与主接地网不同地点连接的接地引下线。

六、母线装置

1. 共箱母线安装

(1)母线支吊架、设备基础安装。按照施工图纸的要求,根据已经放好的桩号、高程确定每个支吊架、设备基础的安装位置并做好记号。由专业焊工进行母线支吊架等的焊接工作。母线支吊、设备基础安装完成后,由测量人员进行复测,其偏差应符合设计要求。

(2)母线、设备等就位:

1)根据母线、设备的现场运输和吊装方案,将母线、设备安装就位。母线运输到位后,首先要进行母线的矫正工作,运输途中出现的外壳凹陷等缺陷,都要在安装前处理完毕,处理时要用橡皮锤敲打。

2)母线吊装后拆除临时支撑,安装母线筒内对应的电流互感器,固定牢固可靠,方向正确。

3)高压开关柜、励磁变压器的就位应在其基础安装验收合格,二期混凝土回填后进行。

4)设备安装前的试验。母线在吊装前进行分段绝缘测试,测试前母线箱、支持绝缘子应清扫。电流互感器等设备也要在就位前进行有关试验。

(3)母线、设备就位后的调整:

1)母线吊装采用安装现场预埋吊钩或基础板焊吊耳的方式,用倒链起吊至安装高程,利用母线支吊架和脚手架固定母线,防止母线窜动。

2)母线的调整工作首先调整好与发电机引出线的中心及高程,然后以此为基准,向主变方向安装。

3)每节共箱母线就位后,先对其进行粗调,要将所有母线全部就位完毕且经过细调使母线各断口以及母线与主变压器、发电机出口的断口距离均符合设计要求后,方可进行共箱母线法兰螺接工作。

4)调整共箱母线水平度<1mm/m,全长水平度<5mm;垂直度<1mm/m,全长水平度<2mm。

5)母线导体与各设备端子间的连接采用可拆的铜编织线伸缩节螺栓连接方式,其纵向尺寸误差应不超过+5mm~-10mm。外壳与设备端子罩法兰间的连接,纵向尺寸不超过±10mm。

6)调整母线时,在保证各接口的距离偏差符合要求的前提下,不使其中一个或几个接口的相对距离偏差过大,要将偏差均匀分配在各断口上。

7)活动断口导体连接。各导体断口调整结束后,用铜编织线将部分活动断口两侧的母线连接起来。注意连接螺栓应为不锈钢螺栓,接触面涂电力复合脂。螺栓紧固时用力矩扳手紧固,紧固力矩见表 4-1。发电机断口、主变断口及各配电设备之间的连线暂不连接,等待母线工频耐压试验后连接。

表 4-1 母线导体螺栓的紧固力矩

螺栓材料	螺栓规格(紧固力矩)/N·m	
	M12	M16
钢	45±8	80±15
合金铝	30±6	60±10

8) 按制造厂要求在共箱母线箱内安装缆式加热器。

9) 共箱母线安装调整结束,按制造厂要求在共箱母线箱外侧焊接定位挡块。

10) 共箱母线及开关柜等设备外壳应按设计要求进行接地。

2. 离相式封闭母线安装

(1) 封闭母线安装:

1) 设备基础、支吊架安装。按设计图纸的要求,安装基础构架,先将基础构架点焊在其埋件上,然后由测量人员进行复测,确保基础构架的中心线、水平、垂直度等符合设计要求。

2) 母线吊装、调整:

① 离相式封闭母线吊装方法与共箱母线吊装方法大致相同;

② 调整母线导体与外壳的同心度,同心度偏差不超过±5mm;

③ 母线各断口尺寸调整好,并经中间检查验收合格后,将母线固定牢靠;

④ 按图纸进行母线段与段之间的导体和外壳的焊接连接、母线与设备之间的连接。

3) 母线焊接:

① 封闭母线断口外壳及导体焊接采用惰性气体保护焊,按照厂家的技术文件及国家和行业标准的工艺要求进行;

② 焊缝外观检查,焊接截面不小于被焊截面的 1.25 倍,焊缝表面无裂纹、凹陷、缺肉、未焊透、气孔、夹渣等缺陷;

③ 母线焊接完毕后,按相关规范要求进行无损探伤检查,应符合要求。

4) 封闭母线与相关设备的连接:

① 封闭母线整体耐压试验及设备相关试验结束后,进行母线与设备的连接。

② 封闭母线与各设备导体之间通过铜编织线连接,注意连接前应先将外壳橡胶伸缩套套入母线导体上,并塞入一侧的外壳内。

③ 母线导体与设备端子接触面应用清洁棉布蘸上无水乙醇清洗干净,接触面涂敷一层电力复合脂。

④ 连接时注意连接螺栓应为不锈钢螺栓,螺栓紧固时用力矩扳手紧固,紧固时应对称均匀拧紧,紧固力矩按制造厂技术资料要求。螺接紧固后用 0.05mm 的塞尺检查,其塞入深度不大于 4mm。

⑤ 导体连接过程中,应格外小心,防止损伤导体表面镀银层,施工人员须戴上清洁的手套。

⑥ 导体连接完成后,清除母线内部遗留的工具、杂物,再将塞进外壳内的橡胶伸缩套拉出,利用压圈将伸缩套两端分别压紧。

5) 穿墙板安装:

① 母线就位前,将封闭母线穿墙处的框架点焊于预埋件上;

② 母线就位并调整完毕后,调整好穿墙板、框架的位置,固定牢靠。

6) 短路板安装:

① 在母线安装调试完成后,安装短路板;

② 短路板调整好后,与母线外壳焊接在一起,焊接应满足制造厂的技术要求;

③ 按要求连接接地线。

7) 清扫检查、涂漆:

① 母线安装完后,将母线外壳内、外彻底地进行检查、清扫,壳内清洗用无水乙醇,施工人员应穿清洁的专用工作服,清洗时,应注意通风;

② 清扫结束后,将母线外壳重新喷漆,要求均匀美观。

3. 全绝缘铜母线安装

(1) 全绝缘铜母线安装:

1) 初装:

① 按照厂家及设计安装图纸,依照已确定好的母线中心及高程,安装母线支架。全长水平度<5mm,垂直度<1mm/m。支架应按设计要求,焊接牢靠并可靠接地。

② 安装母线卡子,并固定母线。完成母线直线段部分的安装。

2) 二次安装:

① 对剩余部分(母线转弯部分、母线同其他电气设备的接口部分和母线因热胀冷缩、检修设置断开部分的母线)进行二次测量,应经过现场实测,在获取母线长度、角度和转弯半径等参数后,由供货厂家进行定制加工,并对不同位置的母线转弯部分分别编号。

② 按照设计图纸将上述部分的母线供货至现场对号安装。

3) 接口安装:

① 接口对接安装工作是母线现场安装最重要的环节之一。

② 根据母线额定电压值、额定电流值等参数和厂家的安装技术指导书采用外接式进行安装。不锈钢管与两段铜管之间应通过专用工具可靠压紧,避免出现局部发热、放电、破坏绝缘等现象。

③ 铜母线外接式接口安装完成后,包裹绝缘介质层和屏蔽层。应满足母线绝缘要求。

4) 为防止母线热胀冷缩,并方便检修维护,按图纸要求安装软连接。

5）母线全长各段和相应的安装附件等都应可靠接地。

七、现场试验

1. 共箱母线现场试验

（1）户外部分淋水试验。

（2）绝缘电阻测量。母线导体和外壳外观检查合格后，还需用 2500V 兆欧表测量每相导体和外壳之间的绝缘电阻，其值不小于 100MΩ。

（3）工频耐压试验。母线安装完毕后，根据国标要求，对其进行 1min 工频耐压试验，试验时记录试验前后的绝缘电阻值，并对试验人员、设备、时间做好详细的记录。

2. 封闭母线试验内容及标准

现场试验按照制造厂技术文件要求和《金属封闭母线》（GB/T 8349—2000）、《电气装置安装工程 电气设备交接试验标准》（GB 50150—2016）规定进行但不少于以下项目：

（1）户外部分进行淋水试验；

（2）测量绝缘电阻；

（3）工频交流耐压试验；

（4）离相封闭母线焊缝探伤。

3. 全绝缘铜母线现场试验

（1）绝缘电阻测量；

（2）工频耐压试验。

4. 发电机出口断路器试验检查内容

（1）测量每相导体对地及断口间的绝缘电阻；

（2）测量每相导电回路的电阻；

（3）主回路的耐压试验；

（4）断路器电容器的试验；

（5）测量断路器的分、合闸时间；

（6）测量断路器的分、合闸速度；

（7）测量断路器主、辅触头分、合闸的同期性及配合时间；

（8）测量断路器分、合闸线圈绝缘电阻及直流电阻；

（9）断路器操动机构的试验；

（10）CT、PT 试验；

（11）测量断路器绝缘介质气体的微量水含量；

（12）发电机出口断路器 SF_6 气体检测及设备密封性试验；

（13）气体密度继电器、压力表和压力动作阀的试验。

5. 励磁变压器试验内容

（1）线圈直流电阻测量；

（2）测量所有分接头的电压比；

（3）测量变压器的三相接线组别和单相变压器引出线的极性；

（4）测量线圈的绝缘电阻、吸收比或极化指数；

（5）线圈的交流耐压试验；

（6）测量与铁芯绝缘的各紧固件及铁芯接地引出线对外壳的绝缘电阻；

（7）相序检查；

（8）控制保护设备调试和试验；

（9）在正式投运前进行 5 次空载投运观察运行情况；

（10）制造厂家安装说明书规定的其他试验项目。

6. 电流互感器试验内容

（1）测量绕组的绝缘电阻；

（2）互感器绕组的交流耐压试验；

（3）测量电流互感器的励磁特性曲线；

（4）检查互感器的极性；

（5）检查互感器的变比。

7. 电压互感器试验内容

（1）测量绕组的绝缘电阻；

（2）绕组的交流耐压试验；

（3）测量一次绕组的直流电阻；

（4）测量空载电流和励磁特性；

（5）检查互感器的极性；

（6）检查互感器的变比；

（7）测量铁芯夹紧螺栓的绝缘电阻。

8. 避雷器试验内容

(1)测量每节避雷器绝缘电阻及避雷器底座绝缘电阻；

(2)测量电导或泄漏电流；

(3)最大工作电压持续电流试验；

(4)工频(直流)参考电压试验；

(5)放电计数器动作试验；

(6)制造厂家安装说明书规定的其他试验项目。

9. 发电机中性点接地变压器试验

(1)测量绕组的直流电阻；

(2)检查接地变的变压比；

(3)测试绕组的绝缘电阻值；

(4)绕组的交流耐压试验；

(5)检查并联电阻阻值。

第二节 厂用电设备安装

一、施工工艺流程

施工工艺流程见图 4-2。

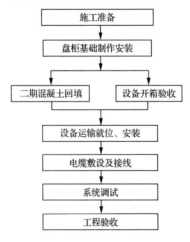

图 4-2 厂用电设备安装流程

二、基础型钢安装

（1）将型钢调直，按设计图纸切割下料，按要求除锈；

（2）测量人员根据设计图纸进行放点；

（3）根据测量放点正确安装调平，不直度、水平度、不平行度符合通用技术条款；

（4）基础槽钢与埋件采用焊接，焊接牢固可靠，采用两点接地，接地完善；

（5）基础安装合格后，通知土建二期混凝土回填。

三、低压开关柜

（1）盘柜就位后，调整盘柜，盘柜安装的垂直度、水平偏差、盘面偏差、柜间接缝等质量指标应符合规范要求。对于和基础采用焊接连接的盘柜，即可进行焊接；对于采用螺栓连接的盘柜，则将盘柜底部螺栓孔位置画在基础型钢上，将盘柜移开，在所画位置钻孔、攻丝，再将盘柜就位，安装连接螺栓固定。

（2）柜内设备、精密插件等应在盘柜的屏蔽保护完善之后、调试之前安装，以防损坏。

四、密集型母线

（1）为了确保密集型母线槽不被污染，所以密集型母线槽各功能单元的连接部件及活动接头上的铜排表面必须清理干净，外壳内和绝缘子安装前都要擦拭干净不得有遗留物；

（2）楼板及墙体的预留洞、预埋件应按设计要求的位置预埋预留，相间支撑板应安装牢固，分段绝缘的外壳应做好绝缘措施；

（3）密集型母线槽外壳各连接部位的扭距螺栓需要用力距扳手紧固，保证各接触面封闭良好；

（4）安装密集型母线槽时，它的整体结构应该横平竖直，垂直敷设时距地面 1.8m 以上，水平符距地面的高度不小于 2.2m，母线的拐弯处以及与插接箱的连接处应加支架；

（5）当母线的终端盒、始端盒悬空时，采用支架固定，墙体、顶板上的支架用两条膨胀螺栓固定，膨胀螺栓应加平光垫片和弹簧垫片,母线垂直通过顶板敷设时,应在通过的底板上采用槽钢支撑固定,当封闭式母线跨越建筑物的伸缩缝或沉降缝时,采用适应建筑物结构移动的措施,防止母线连接处水平移动造成断裂,影响母线的正常供配电。

五、干式变压器

(1)变压器在装卸和运输过程中,应避免冲击和振动。

(2)变压器到货后按有关标准要求进行检查验收,并妥善保管。

(3)设备开箱就位前,变压器室土建施工已结束,场地清理干净。基础槽钢已经验收合格,二期混凝土已回填并达到强度。

(4)变压器就位后,调整各部位尺寸误差,满足有标准要求。

(5)按厂家技术要求安装温控装置等附件。

(6)按要求安装接地装置。

(7)变压器安装完毕带电前,应进行全面检查,清除设备积灰及周围其他遗留物。

六、电缆敷设

(1)电缆敷设以人力为主,必要时辅以电缆托辊和卷扬机、吊车等机械工具;

(2)动力电缆和控制电缆分层敷设于各层布置的电缆桥架上,动力电缆应在控制电缆的上面;

(3)电缆敷设完后应在电缆的首端、尾端、转弯及每隔50m处,设有编号、型号及起止点等挂标识牌。备用芯注明备用标识。

七、现场试验

1. 干式变压器试验项目

(1)线圈直流电阻测量;

(2)测量所有分接头的电压比;

(3)测量变压器的三相接线组别和单相变压器引出线的极性;

(4)测量线圈的绝缘电阻、吸收比或极化指数;

（5）线圈的交流耐压试验；

（6）测量与铁芯绝缘的各紧固件及铁芯接地引出线对外壳的绝缘电阻；

（7）相序检查；

（8）控制保护设备调试和试验；

（9）在正式投运前进行5次空载投运观察运行情况；

（10）制造厂安装说明书规定的其他试验项目。

2. 低压开关柜试验项目

（1）测量低压电器连同所连接电缆及二次回路的绝缘电阻；

（2）电压线圈动作值校验；

（3）低压电器动作情况检查；

（4）低压电器采用的脱扣器的整定；

（5）测量电阻器和变阻器的直流电阻；

（6）低压电器连同所连接电缆及二次回路的交流耐压试验；

（7）备自投调试；

（8）CT的试验；

（9）表计校验；

（10）联动试验；

（11）制造厂安装说明书规定的其他试验。

3. 母线槽试验项目

（1）测量接头的接触电阻；

（2）绝缘电阻及交流耐压试验。

第三节　油浸式变压器及电抗器安装

一、安装工艺流程

安装工艺流程见图4-3。

二、卸车及拖运就位

1. 施工准备

（1）油浸式变压器（电抗器）本体运到现场后，检查油

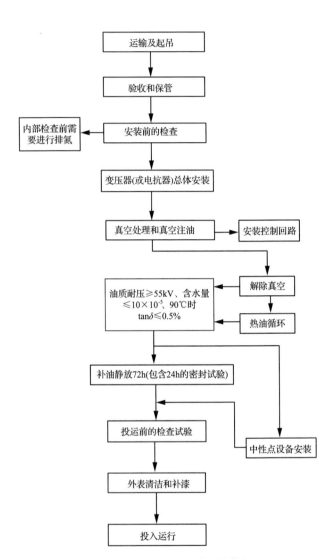

图 4-3 油浸式变压器及电抗器安装流程

箱,所有附件齐全,无锈蚀及机械损伤,密封良好,充氮运输的变压器(电抗器)油箱内为正压,其压力为 $0.02\sim$

0.03MPa。变压器(电抗器)运输、装卸、就位过程中承受三个方向的冲击力不超过 3g 的加速度(g 为重力加速度)。检查冲击记录仪的数值以验证变压器在运输和装卸中的受冲击情况。

(2)根据千斤顶高度与变压器(电抗器)支撑板高度,制作四个强度足够、高度合适的钢制支墩。制作竖立套管的专用支架,用于高压套管及中性点套管安装前现场试验。并准备好施工工器具及材料,包括卷扬机、倒链、滑轮等起重设备,脚手架、蓬布、加热片、照明设备、真空滤油设备及管路阀门、抽真空设备等,以及电气试验仪器。

(3)检查埋设的变压器(电抗器)牵引用地锚,强度满足负荷要求。

(4)施工现场清理。

(5)在安装间布置牵引用的卷扬机和滑轮组,变压器(电抗器)轨道交叉口地锚处,布置导向滑轮,用于变压器(电抗器)的牵引及转向牵引。

(6)在变压器(电抗器)施工现场附近准备临时绝缘油罐,准备好绝缘油处理用的滤油设备及管路,并全部清扫干净。

(7)抽真空、热油循环设备布置在变压器(电抗器)油池附近且不影响施工的地方。

(8)施工现场布置三套灯具进行照明。准备石棉布、灭火器、沙箱等防火消防器材,布置于不影响变压器(电抗器)安装的明显位置。

2. 变压器(电抗器)卸车及拖运就位

(1)变压器(电抗器)卸车:

1)变压器(电抗器)运到工地后,直接运至主厂房卸货间,在卸货间进行卸车前的检查,检查完毕后用主厂房桥机(150t 或以上)卸车。

2)将变压器(电抗器)吊至运输小车(提前清扫小车,检查其润滑情况及是否转动灵活);然后将其落到运输主轨道上。

(2)变压器(电抗器)拖运就位：

1)变压器(电抗器)牵引至轨道交叉口后(牵引速度≤3m/min)，用四台(100t)液压千斤顶将变压器(电抗器)顶起，进行变压器(电抗器)小车换向。拆除小车连与本体固定螺丝，将小车沿变压器(电抗器)轨道拖出，将小车方向旋转90°后，重新将小车与本体用连接螺栓固定，然后降下千斤顶，千斤顶升降，由专人统一指挥，同步进行。拆除牵引用钢丝绳等设备，换向后，检查变压器(电抗器)高低压侧方向与变压器(电抗器)就位后方位一致。

2)转向后重新安装变压器(电抗器)牵引钢丝绳，继续用卷扬机向变压器(电抗器)室方向牵引。

3)牵引至变压器(电抗器)室轨道交叉口位置后，用上述同样的方法换向，直至运输就位。

4)变压器(电抗器)就位后，准备好变压器(电抗器)内检及附件安装准备工作。

5)变压器(电抗器)内检及附件安装就位后，在变压器(电抗器)室内汽车吊(25t)进行吊装。

6)变压器(电抗器)牵引着力点牵挂在油箱下部的专用拉板上。不允许牵挂在联管等不能受力的组、部件上。

3. 土办法卸车

(1)卸车前的准备工作。采用土办法卸车，考虑变压器运输车身高度，临时制作二根工字钢大梁，用钢管制作高度分别为600mm、400mm的钢支墩各4个，50t压机6台，10t导链2台，卸车支撑用方木，25t汽车吊配合变压器卸车工作(吊装工字钢大梁)。

(2)卸车方案：

1)将运输车辆按照变压器(电抗器)的安装方向停靠在设备安放点。

2)用4台50t压机将变压器(电抗器)顶起，将两根工字钢大梁伸入其底部，后用方木垫实。在工字钢梁上涂一层黄油,以减少摩擦;放上滑板,将变压器(电抗器)落在滑板上。

3)在钢梁的另一端各焊一个吊耳,按 12t 计算(按实际情况计算),在滑板上焊 2 个吊耳,按 12t 计算,工字钢梁表面涂黄油后摩擦系数按 0.4 计算,吊耳应由专业焊工施焊。

4)用 2 台导链将变压器(电抗器)拉出车厢,用 4 台 50t 压机与方木配合,将变压器顶起,移走钢梁,运输车辆开走。

5)采用压机、支墩及方木配合的方法,将变压器(电抗器)落在指定地点。

6)待运输轨道安装后,用铺临时轨道方法,将变压器(电抗器)拖入运输轨道,拖入变压器(电抗器)最大滚动摩擦系数按 0.2 考虑,地锚按 10t 计算。

7)待变压器(电抗器)拖至轨道交叉处,用 4 台 50t 压机顶起,将变压器(电抗器)行走轮换位,拉入变压器(电抗器)室,就位安装。

三、安装前绝缘油处理

1. 到货绝缘油的检查

随变压器(电抗器)到货的绝缘油在到达设备仓库或安装现场后,每桶用试管取样目测,并进行油样化验分析,取样数量应符合表 4-2 的要求。

表 4-2　　　　　　　　　绝缘油取样数量

每批油的桶数	2~5	6~20	21~50	51~100	101~200	201~400	400 及以上
取样桶数	2	3	4	7	10	15	20

如到油是大桶装时,每桶油都进行取油样化验。

取样试验按现行国家标准《电力用油(变压器油、汽轮机油)取样方法》(GB/T 7597—2007)的规定进行。试验标准应符合现行国家标准 GB 50150—2016 的规定。

到货油样经检验合格。如不合格,需用真空滤油机将绝缘油注入大油罐中,开始净化油处理以满足要求。

2. 变压器油过滤、热油循环

(1)将管路系统、真空滤油机、储油罐等清理干净,连接排油管路,并将设备接地。

(2) 取变压器油箱中油样进行化验,试验结果应符合安装使用说明书和有关国标的规定(见表 4-3)。如不合格,需进行主变油过滤。

表 4-3   绝缘油检测标准

电压等级 /kV	110	220	330	500	电压等级 /kV	110	220	330	500
油电气 强度/kV	≥40	≥40	≥50	≥60	变压器油 含水量 /(mg/L)	≤20	≤15	≤15	≤10
油中溶解 气体色谱 分析	总烃 20、氢 10、乙炔 0				油中含气 量 tanδ (90℃)	≤0.5%	≤0.5%	≤0.5%	≤0.5%
界面张力 (25℃) /(mN/m)	≥35				油中含气 量(体积 分数)	500kV,≤1%			
闪电 (闭口)	≥140℃(10 号、 25 号油); ≥135℃(45 号油)				水溶性酸 (pH)	>5.4%			

(3) 为保证内检和套管安装过程中器身不受潮,内检前采用热油循环的方法对器身注油加温排氮并提高器身温度。

(4) 接好热油循环的油路系统。利用真空滤油机进行热油循环对器身加温,提高器身温度高于环境温度 10～15℃。

四、排氮、器身内部检查

1. 检查前的工作

(1) 变压器(电抗器)运到现场后,开始安装前,应每天检查器身内氮气压力两次,应不低于 0.02MPa。若低于此值,应将氮气压力补充到 0.02～0.03MPa。

（2）在对变压器内部检查前，要配好油管路和抽空管路，管件最好采用不镀锌的无缝钢管，管内部要进行除锈涂漆处理，使用时用热变压器油冲洗。

（3）检查主体存放过程中是否受潮：

1）注油储存的产品，化验箱底油样，并检查线圈的绝缘电阻等，当油的击穿电压 $U \geqslant 60\mathrm{kV}$，含水量 $\leqslant 10\mathrm{ppm}$；线圈的绝缘电阻 $R60$、极化指数 $R600/R60$、介损 $\tan\delta$ 与出厂值无明显变化，则认为未受潮。

2）用 2500V 摇表检测铁芯对地绝缘电阻与出厂值比较。

3）储存过程中受潮的产品，安装前要进行干燥处理；运输过程中受潮的产品，应当干燥处理后进行储存。

（4）排氮。

1）注油排氮前应将油箱内的残油排尽。

2）充氮的变压器、电抗器需吊置检查时，必须让器身在空气中暴露 15min 以上，待氮气充分扩散后进行。

2. 变压器检查条件

（1）雨、雾、雪和风沙天气，或者相对湿度大于 75％时，不能进行检查。

（2）周围空气温度不低于 0℃，器身温度不低于周围空气温度；当器身温度低于周围空气温度时，应将器身加热，使其温度高于周围空气温度 10～15℃。

3. 变压器的检查

（1）通常情况下，变压器运输过程中没有受到严重冲撞时，可从箱壁进人孔处进入油箱中的两侧进行内检；上铁轭上的构件，从箱盖上的法兰孔进行检查。若发现有异常情况，需进行吊芯检查。

（2）首先打开箱盖顶部的盖板，再由油箱下部的注油阀门注油排氮。所注绝缘油质符合相关规定，注油至压板以上静置 12h 后再放油。注油和放油时，采用真空滤油机，切忌采用板式滤油机,在厂房内排氮时,注意通风以防止发生人员窒息事故。

(3) 放油后检查人员立即进入油箱中进行检查,油箱中的含氧量应大于 18%,进入油箱中人员不超过 3 人。在内检时最好向油箱中吹入露点为 -30℃ 以下的干燥空气。每分钟以 0.2m³ 的流量吹入油箱内。

4. 器身检查的内容

(1) 检查所有紧固件(金属和非金属)是否有松动。

(2) 检查引线的夹持、捆绑、支撑和绝缘的包扎是否良好。

(3) 检查开关的传动、接触是否良好。

(4) 若器身出现位移。

(5) 用 2500V 摇表检测铁芯的绝缘是否良好;铁芯是否确保一点可靠接地。

(6) 检查完毕后,清除油箱中的残油、污物。然后先安装与油箱相通的组件。

五、高压套管及附件安装

1. 储油柜的安装

(1) 储油柜安装前,打开侧面封盖,将储油柜内壁用无水乙醇清洗干净。

(2) 隔膜袋清洗干净后,用氮气将储油柜中的胶囊或隔膜缓慢充气胀开,用手触摸有弹性最大压力不得超过 19.6kPa 即可停止充气,封死充气口停放 0.5h,进行检漏。合格后装入储油柜。安装隔膜袋时,注意将隔膜袋展开平铺在储油柜内,以保证隔膜袋起到呼吸作用。

(3) 变压器(电抗器)内检过程中吊装储油柜,用导向棒校准方位,穿入连接螺栓用力矩扳手对称拧紧全部螺栓。

(4) 储油柜吊装结束后,安装油位表,油位表动作灵活,指示正确,油位表的信号接点位置正确,绝缘良好。

2. 套管升高座安装

（1）升高座安装前，在地面用无水乙醇清洗内壁。

（2）拆除变压器器身升高座底座法兰临时盖板，用无水乙醇清洗干净，涂抹密封胶，装密封垫圈。

（3）吊装升高座时，用导向棒校准方位后，穿入螺栓用力矩扳手对称拧紧。升高座安装方向必须符合厂家技术要求。

3. 安全装置安装

安装前，检查安全气道隔膜完整，信号接线正确，接触良好，阀盖和升高座内部清洁。密封良好，压力释放装置的接点动作准确，绝缘良好，用白布蘸无水乙醇清洁连接面且涂抹密封胶，对准方位粘贴密封垫并立即将其吊至安装部位，穿入螺栓用力矩扳手对称拧紧。

4. 高、低压套管的安装。

（1）按变压器（电抗器）套管有关尺寸，制作套管临时支架。

（2）安装前，先将套管竖立吊装到临时支架上，用螺栓固定牢固。用白布蘸无水乙醇将套管瓷件清洗干净后，进行绝缘电阻、介质损耗角正切值和电容值的测量，试验合格后方可吊装。

（3）套管吊装就位后，将紧固螺栓对称拧紧。

（4）按厂家技术资料要求连接高、低压套管引线。

5. 油管路安装

（1）油管路安装前，打开两端的封盖，用细铅丝绑白布蘸无水乙醇清洁管路内壁；

（2）能提前连接的管路，尽量在地面提前连接好；

（3）管路清洗干净后，用临时盖板封好存放；

（4）管路安装前，按出厂时在管路法兰上打的钢号用油漆编号；

（5）管路连接前，涂抹密封胶，安装密封圈，调整好位置，穿入螺栓用力矩扳手对称拧紧。

6. 控制柜安装

（1）按厂家技术图纸吊装就位，控制柜的垂直度等误差应满足相关规范要求；

（2）控制柜用连接螺栓对称均匀拧紧，固定牢固、可靠；

（3）按设计图纸及厂家技术资料进行电缆敷设及二次配线，配线应整齐、美观。

7. 气体继电器和测量表计的安装

安装前，将气体继电器和测量表计提前交专门校验部门校验，气体继电器水平安装在变压器的油箱与储油柜之间的联管上，其顶盖上的标志的箭头指向储油柜，与连通管连接良好，允许储油柜端稍高，但联管的轴线与水平面的倾斜度不得超过 4%，安装完毕后，打开连接管上的油阀，拧下气塞防尘罩用手拧松气塞螺母，让空气排出，直到气嘴逸油为止，再拧紧螺母；温度计安装前校验合格，信号接点动作正确，绕组温度计按厂家规定整定，顶盖上的温度计座内注热变压器油，密封良好。

8. 冷却器的安装

使用吊带将冷却器上端与变压器上部阀门连接，下端安装阀门并与油泵相接，将支撑座安装完成后，开启油系统中的阀门，随同变压器进行抽真空。

六、注油及热油循环

（1）真空处理和真空注油注意事项：

1）对真空泵及真空滤油机进行检查，确保运转正常；

2）检查设备与器身的连接管路是否满足运行要求。

（2）真空处理的管路连接至变压器主导气联管端头的阀门上。

（3）真空处理前将油冷却器（包含片式散热器）上下联管处的蝶阀全部打开，启动真空泵开始进行真空处理，均匀提高真空度（详见冷却器使用说明书）。

（4）真空处理时的真空度及维持真空时间见表 4-4。

表 4-4　　　　　　　　　　真空度及维持真空时间表

电压等级/kV	真空度/Pa	维持真空时间/h
330	67	24

(5) 抽真空的最初 1h 内,当残压达到 20kPa 时,无异常情况下,继续提高真空度直至残压达到 67Pa,且保持 24h 以上,若真空度无明显下降,即可开始真空注油。

(6) 开始注油前(油温保持在 40～60℃),一定要排净管路中的气体(打开联管处或注油阀门上的放气塞,待冒油后关闭放气塞,再打开阀门)。注油自下而上,每小时注入的油量小于 5000L。当油注到距箱顶 100～200mm 时,关闭真空阀门,停止抽真空。但真空滤油机不停止注油,直到油位逼近气体继电器封板处,才将真空滤油机停下。

(7) 热油循环。热油循环自上而下,滤油机出口管路与油箱上部的蝶阀连接,滤油机入口管路与油箱下部的阀门连接。对于油导向结构的产品,要将器身与本体的油路连通,同时要将气体继电器处的蝶阀打开。解除真空后作热油循环。热油循环时,当变压器出口油温达到(70±5)℃时,循环时间不少于 48h,通常使全油量循环 3～4 次。最后使油质达到国标规定要求。

(8) 打开套管、冷却(散热)器、联管等上部的放气塞,待油溢出时关闭塞子。根据最后的油温和油面曲线调整油面(由储油柜集气盒上的注放油管进行),然后取油样化验必须符合国标规定要求。放气结束后静置 72h(包含起始 24h 的密封试验),过程中每隔 12h 进行一次排气。

(9) 密封性能试验。在真空处理过程中,真空度上升缓慢或泄漏率大于 34Pa/h 时,说明有渗漏情况,检查有关管路和变压器上各组件安装部位的密封处,若发现渗漏要及时处理。变压器密封性能试验,使油箱内维持 0.035MPa 的压力,用油柱静压法试漏时,静压 24h;加压试漏法时(储油柜油面充干燥氮气),加压时间为 24h,无渗漏。试验时带冷却装置,不带压力释放装置(压力试验时关闭安装蝶阀,试验完毕,投运前打开此蝶阀)。

七、现场试验

1. 安装前试验

(1) 接地套管绝缘检查;

(2) 三相及中性点高压套管的试验(绝缘电阻值、介质损耗角正切值 $\tan\delta$);

(3) 避雷器试验(绝缘电阻值、直流耐压试验)。

2. 安装后试验

(1) 测量绕组连同套管的绝缘电阻、吸收比、极化指数:

1) 试验目的:所测绝缘电阻能发现电气设备的局部绝缘降低、整体受潮、脏污、绝缘油劣化等缺陷。

2) 试验设备:5000V 电动摇表。

3) 试验数据分析:记录绝缘电阻、吸收比、极化指数值,绝缘电阻值不应低于产品出厂例行试验值的 70%;当测量温度与产品温度不符合时应换算到同一温度时的数据进行比较;吸收比与产品出厂值相比应无明显差别,在常温下不应小于 1.3。

(2) 绕组连同套管的直流电阻测量:

1) 试验目的:检查绕组接头母线安装质量、绕组有无匝间短路、调压分接开关的各个位置接触是否良好、分接开关实际位置与指示位置是否相符。

2) 试验方法:直流旋转焊机输入电流,读取电压值,用电流电压法算出直流电阻值,测量应在各分接头所有位置上进行。

3) 试验数据分析:各项测得的误差应不大于平均值的 2%,变压器的直流电阻与同温下产品出厂试验数据比较相应变化不应大于 2%。采用仪表标准应高于 0.2 级。

(3) 检查变压器所有分接开关抽头的变压比,进行分接开关切换装置的检查和试验,开关切换装置应和实际挡位相对应。

1) 试验目的:检查变压器绕组匝数比的正确性,检查分接开关安装接触的状况。

2）试验方法：通入 380V 三相电源，同时读取次级与初级的电压值，然后计算出变比，各档试验方法均一样（或用变比测试仪测试）。

3）试验数据分析：与制造厂铭牌数据相比应无明显差别，且符合变压比的规律。

（4）检查和测量变压器的三相接线组别：

1）试验目的：检查是否与铭牌及设计相一致。

2）试验方法：直流法或用变比测试仪测试。

3）试验数据分析：应与铭牌标记的符号相符。

（5）绕组连同套管的介质损耗角正切值 $\tan\delta$ 测量：

1）试验目的：$\tan\delta$ 值的测量，对于判断电气设备绝缘状况是比较灵敏有效的方法。

2）试验设备：QS1 型高压电桥（光纤介损测试仪）。

3）试验数据分析：被测绕组的 $\tan\delta$ 不应大于产品例行试验值的 130%，当测量温度与产品例行试验时的温度不符时，应换算到同一温度的数据进行比较。

（6）绕组连同套管的直流泄漏电流的测量：

1）试验目的：考验变压器（电抗器）的绝缘耐电强度，比兆欧表检查缺陷的有效性更高。

2）试验设备：直流高压发生器（JGS-60/2 型）。

3）试验数据分析：高压端直流试验电压为 40kV，当施加试验电压达 1min 时，在高压端读取泄漏电流值与产品出厂例行试验数据比较。低压端直流试验电压为 10kV。

（7）铁芯绝缘的各紧固件及铁芯接地线引出套管与对外壳的绝缘电阻测量。采用 2500V 兆欧表测量，持续时间 1min 应无闪络及击穿现象，安装试验完毕铁芯必须为一点接地。

（8）绝缘油的试验：

1）试验目的：保证变压器正常运行和投运。

2）试验设备：油耐压试验发生器，以及化学检验设备。

3) 试验数据分析:油试验共进行五次,进行简化分析和进行色谱分析。

(9) 变压器(电抗器)其他主要试验(其相关资料见专项试验方案及报告):

1) 局部放电试验;

2) 测量绕组变形试验;

3) 绕组连同套管的交流耐压试验;

4) 中性点接地开关试验:

① 测量绝缘电阻;

② 导电回路电阻测试;

③ 操作机构的试验;

④ 制造厂家安装说明书规定的其他试验项目。

5) 中性点避雷器试验:

① 测量绝缘电阻;

② 测量电导或泄漏电流,并检查组合元件的非线性系数;

③ 测量金属氧化物避雷器的工频参考电压或直流参考电压;

④ 检查放电计数器动作情况及避雷器的基座绝缘。

6) 中性点电流互感器试验:

① 测量绕组的绝缘电阻;

② 互感器绕组的交流耐压试验;

③ 测量电流互感器的励磁特性曲线;

④ 检查互感器的极性;

⑤ 检查互感器的变比。

7) 保护设备的传动试验。

8) 冲击合闸试验。按照电网投入运行方案进行倒送电,冲击试验一共五次,每次间隔 10min,应无异常情况。冲击合闸在变压器高压侧进行,试验时变压器中性点必须接地。

9) 变压器的相位检查。变压器的相位必须与电网的相位一致。

10) 制造厂家安装说明书规定的其他试验项目。

第四节　户内 GIS 设备安装

一、安装工艺流程(图 4-4)

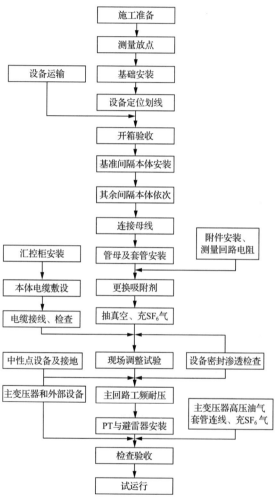

图 4-4　GIS 安装工艺流程

二、基础安装

根据设备基础设计桩号、高程,安装调整 GIS 设备基础型钢,使其水平与垂直误差符合设计和厂家技术要求,同时按照厂家要求做好 GIS 设备接地板的安装预理。其误差要求 GIS 的槽钢基础水平度在 1/1000 内,基础高程误差小于 ±2mm,基础中心线偏差小于 ±2mm。GIS 基础放点要与发电机主变采用同一个基准点。测量始终应采用同一把钢卷尺进行。

三、设备就位安装

(1) 测量与放点、划线及定位方法。基础划线采用全站仪和钢卷尺等测量工具进行。按照 GIS 平面布置图和 GIS 基础图中注明的尺寸,将断路器中心线,主母线中心线及各个间隔中心线单独绘制出来。

(2) 设备起吊时必须用尼龙吊带,吊点位置要经过厂家人员许可或按厂家说明书规定。

(3) 首先确定安装基准为中间单元,即确定最先就位的间隔。再以左右一字排开的形式进行相邻单元的组合,以减少整体组合安装累积误差。安装基准间隔,应保证基准间隔主母线基础的标高比其他间隔主母线的标高要高,如果不够要在下面加调整垫片,分别进行三相设备调整和固定。

(4) 封闭式组合电器的基准间隔就位后,首先将其调整到安装位置,使设备中心线和母线筒中心线与测量所放线一致。安装时,应以母线筒为基础,逐级安装,将其初步固定在基础上,用水平尺校正母线筒的水平度。完毕后,将该间隔设备底座与基础槽钢用电焊点死。然后回收封闭式组合电器在运输过程中预充的 SF_6 气体,将盆式绝缘子保护罩取下,仔细清理好密封面、密封圈。

(5) 将与之相连的第二个母线筒摆正,其母线筒与基准间隔母线筒对正,用无毛纸蘸酒精将母线导体清洗干净,主要是将导体头和与之相连的梅花触头接触面擦洗干净,同时检查母线外壳连接法兰密封面、密封面、槽不得有划痕,并用无毛纸蘸酒精将其擦干净,清洗O形密封圈,在密封面、槽、O形密封圈涂上适量密封脂,装好密封圈,然后用小千斤顶或倒链配合小台车将第二个间隔母线导体头缓缓插入另一侧的梅花触头中,插入过程中导体头和梅花触头不得受额外应力。同时在母线筒外壳连接法兰上的螺孔中插入导向棒。到一定距离时,穿入连接螺栓,并将连接螺栓紧死。注意紧固螺栓必须用力矩扳手,力矩大小应符合规定要求,螺栓要对角均匀上紧。各连接触头要对正,保证接触良好。

(6) 在安装第二个间隔时,调整其水平度,使其母线筒法兰与基准间隔的母线筒法兰对正,并保证连接触头的插入深度符合厂家规定。如果装有伸缩节时,密封面也应按上述方法作同样处理。

(7) 对 GIS 中罐体法兰与盆式绝缘子的连接、罐内导体与绝缘件的连接应用专用的力矩扳手紧固螺栓,避免螺栓紧固过度或不足。对于竖直安装的盆式绝缘子,紧固螺栓时应按有顺序地中心对称紧固的原则,螺栓紧固用的参考力矩应符合要求。

(8) 在各部件连接前,除去盆式绝缘子的保护罩,绝缘件严禁用手直接接触,必须戴洁净白色尼龙手套进行清扫。并用无毛纸蘸酒精仔细擦洗盆式绝缘子的表面及内嵌导体的表面,以保证其连接的密封及导体的可靠接触,擦洗完后用吸尘器清理。镀银部分不得挫磨;载流部分表面无凹陷及毛刺,连接螺栓齐全、紧固。对接完毕后,连接螺栓对称用力矩扳手拧紧。并装上密封圈。

(9) 更换吸附剂要求。更换吸附剂因吸附剂极易受潮,在其安装前必须经烘干处理。烘干温度为 300℃,烘干时间为 4h,烘干的吸附剂立即装入封闭式组合电器内。装入吸附剂后,要立即启动真空泵对安装吸附剂的气室抽真空,在空气中暴露时间不超过 10min。如若超过 4h 后都还未抽真空,则需对吸附剂重新进行烘干处理。

(10) 制造厂已装配好的电气元件在现场组装时一般不

做解体检查,如有缺陷需在现场解体检查时,应得到制造厂的同意。

四、套管连接

(1) 出线套管的安装,应在各部分安装完毕后进行安装。

(2) 套管在吊装前应认真研究好吊装方案,一般宜采用专用工具和吊带进行起吊,以保护瓷套管不受损伤。

(3) 吊装前应先装好内屏蔽罩及导电杆,并将外均压环先套在瓷套管上并将套管清理干净。起吊时,应防止一头在地面上出现拖动现象,可采用手拉葫芦辅助起吊。在套管吊离地面后,调整葫芦的长度,使套管吊至一合适角度,使之与GIS外壳具有相应的合适位置。

(4) 吊离地面后,卸下套管尾部的保护罩。必要时测量套管尾部长度,以保证套管插入深度。清理套管基座内的盆式绝缘子和导电触头,在法兰上涂敷密封胶,安放密封圈,然后将套管的触头对准母线筒上的触头座,移动套管,使其螺丝孔正对套管支座的螺孔,用螺栓固定,最后用力矩扳手紧固套管支座的螺栓。

五、接地安装

(1) GIS 基座上的每一根接地母线,应采用分设其两端的接地线与 GIS 室内的接地装置连接。接地线应与 GIS 区域环形接地母线连接。接地母线较长时,其中部应另加接地线,并连接至接地网。接地线与 GIS 接地母线应采用螺栓连接方式。

(2) 全封闭组合电器的外壳应按制造厂规定接地;法兰片间应采用跨接线连接,并应保证良好电气通路;汇控柜的金属框架和底座与接地母线可靠连接。

六、抽真空

(1) 将 SF_6 气体回收装置与封闭式组合电器连接起来。并按下列步骤进行:

1) 封闭式组合电器抽真空、注气系统见图 4-5。

2) 关闭截止阀 7、4,打开截止阀 10、12。抽真空 5min 后

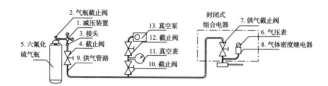

图 4-5　封闭式组合电器抽真空、注气系统

关闭截止阀 12。观察管路的真空压力 15min，如果真空压力上升，检查气体管路的接头。

3）打开截止阀 7，对 GIS 设备抽真空，当真空度达到 133Pa 后继续抽 2h，然后关闭截止阀 10，打开真空泵排气阀并停泵。

（2）充 SF_6 气体。充 SF_6 气体前，检查 SF_6 气瓶里水分，其水分含量应符合厂家技术规定。打开截止阀 2、4，充入 SF_6 气体。充至厂家规定值时，关闭截止阀 2、4，参照 SF_6 气体压力—温度特性曲线满足要求后拆除管路。

（3）抽真空和充 SF_6 气体应注意：

1）抽真空设备选择容量较大每分钟 150L 的真空泵。

2）抽真空管路必须清洁，防止潮气和杂质的进入。

3）抽真空时必须有专人监护，防止回收装置有异常情况。电磁截止阀在断电时自动关闭，以防真空泵油进入 GIS 母线中；在停止工作时，应关闭阀门 10、12，并打开真空泵排气阀，再断开真空泵电源；当真空度小于规定值后，再继续抽 30min，关闭阀门静止 4h，观察压力变化不大于规定值，若超出范围，再抽真空至规定值并保持 30min，以确定是否存在泄漏（在连续工作时，要求工作情况顺序记录，并有当班作业工作记录，保证工作连续性），按照运行工作进行要求）。

七、现场试验

1. 机械操作和机械特性试验

（1）断路器在电动操作之前先用手力操作杆进行慢分、慢合操作二次，应无不良现象。然后电动操动机构贮能至规定值，按照厂家要求进行机械操动试验和机械特性试验。操作试验应动作正常,机械特性(断路器合闸和分闸时间、同期、速度等)试验应符合厂家出厂文件要求。

（2）隔离开关和接地开关的机械特性试验。隔离开关和接地开关的分、合闸时间、速度应符合厂家出厂文件要求。

2. 主回路直流电阻测量

主回路直流电阻测量在进、出线端子间进行,测量值应符合厂家要求。同时进行回路绝缘电阻测量。

3. 主回路绝缘电阻测量

用 5000V 摇表测量主回路对地绝缘电阻应大于 5000MΩ。用 500V 摇表测量辅助回路和控制回路对地绝缘电阻,应大于 2MΩ。

4. GIS 内避雷器的绝缘电阻测量

用 5000V 兆欧表测试,其数值与出厂值相比无显著差别。受避雷器与外部连接结构和试验电压过高所限,避雷器的工频参考电压和直流参考电压不做,在避雷器带电后记录在运行电压下的持续电流,须符合产品的技术条件规定。

5. 电压互感器试验

在组装前,用变比测试仪测试其变比,须与标称的级别符合。用数字万用表测量一次绕组的直流电阻,三相差别不大于 5%。用 250V 兆欧表和指针万用表判断其极性。

6. 电流互感器的变比试验

对桥联和出线上的电流互感器,可通过互感器组两端的接地开关加入,中间的断路器闭合,一端外部的接地线要解开。互感器的励磁特性用 6000/400V、50kVA 试验变进行。二次绕组的工频耐压为 2000V,使用 10000/200V、300VA 的试验变做。每一绕组耐压时,该绕组首尾短接,其他绕组短接接地。进线间隔电流互感器变比试验:在进线电缆未安装、进线孔打开时,从进线端和该间隔接地开关加入电流。

7. 开关特性试验

GIS 各气室充气后,进行断路器的分合闸时间、分合闸速度、同期性测试。断路器的主触头通过合接地开关引出,外引接地线解开,解除机械连锁。使用开关特性测试仪测试记录上述参数。用数字万用表测量分合闸线圈的直流电阻,与制造厂的技术文件相符。

8. SF_6 气体水分测量

断路器、隔离开关、接地开关气室新充入的 SF_6 气体含水量(体积分数)不大于 150×10^{-6},其余气室控制在 500ppm 以内。

9. 密封试验

SF_6 气体漏气量检测,用灵敏度不低于 10^{-7} MPa·cm³ 的 SF_6 气体检漏仪检查所有连接部分的渗漏,检漏方法采用局部包扎法。年漏气率小于 1%。

10. 现场耐压试验

封闭式组合电器安装调试完毕后,应进行耐压试验。GIS 设备整体回路按厂家规定值(出厂值 80%)交流耐压 1min 应无击穿。

11. GIS 的操作连锁试验

(1)断路器的操作连锁试验。

检查断路器与相关隔离开关、接地开关之间的闭锁可靠性。检查 SF_6 气体密度、操作气压压力与断路器的闭锁关系。

(2)隔离开关机械操作试验。

校核隔离开关与断路器、接地开关联锁装置的可靠性。

(3)接地开关操作试验。

接地开关操作试验同隔离开关试验,另加手动操作试验。

12. 气体密度继电器、压力表和压力动作阀的校验

按要求的定值在清洁的气压校验台上校验整定气体密度继电器、压力表和压力动作阀。要保证被校元件内部不受污染。标准压力表范围是 0~1MPa。

13. 外壳感应电压测量

在产品投入运行状态下,测量各壳体部位的感应电压,其值不大于 36V。

第五节　户外敞开式开关站设备安装

一、安装工艺流程(图 4-6)

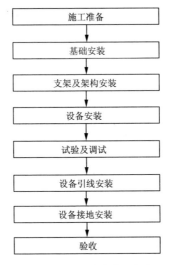

施工准备

↓

基础安装

↓

支架及架构安装

↓

设备安装

↓

试验及调试

↓

设备引线安装

↓

设备接地安装

↓

验收

图 4-6　开关站设备安装工艺流程

二、基础、立柱、构架安装

1. 基础安装

(1) 根据测量放点进行基础安装。

(2) 基础安装要满足施工图技术要求及规范要求:

1) 基础的中心距离及高度的误差不应大于 10mm;预留孔或预埋铁板中心线的误差应不大于 10mm,预埋螺栓中心线的误差不应大于 2mm。检查基础尺寸,确保基础预埋螺栓尺寸和设备基础尺寸相符合;

2) 将厂家所配的预埋螺柱植入基础坑中预埋,注意确保垂直度,要求前后左右方向各螺丝中心距离偏差不应超过 2mm,以确保安装顺利,螺栓预埋后露出地面距离要符合厂家要求,误差不大于 5mm。

（3）基础安装完毕后按要求进行防腐处理。

2. 立柱安装

（1）按照设计图纸要求在设备基础上将立柱的安装中心线划好。

（2）依据划好的中心线将立柱初步固定在基础上，调整立柱的中心和垂直度。应满足设计及规范要求。

1）待预埋螺丝的混凝土完全凝固并达到一定的保养期（大约一星期）后，可以安装断路器支架。按厂家所标示的支架相序组装，用厂家提供的螺栓将其固定，必要时加垫片调整水平。垫片不宜超过 3 片，总厚度不应大于 10mm，各片间应焊接牢固，校直三相水平一致。

2）用力矩扳手扭紧螺栓，用力矩扳手施加力矩把螺母拧紧，再次检查支架稳定性，检查支架是否水平和垂直。

（3）将调整好的立柱焊接牢靠。支架、铁件制作用的槽钢、钢板、角钢等应平直，支架铁件焊接固定时，其上部端面应保持水平，误差不得超过 2mm。相间高度误差分相操作应≤5mm。

（4）相间距离与设计要求之差分相操作应≤10mm。

3. 构架安装

（1）按照设计图纸制作构架并做好防腐处理。若构架是成品到货，应检查构架的焊接及防腐情况，如果不满足设计及规范要求，应进行补强处理。

（2）用吊车将构架的一根立柱立起，调整好立柱的中心位置和垂直度后，将立柱焊接牢靠。

（3）用吊车将另一根立柱吊起，调整中心和垂直度，并复测立柱的间距，各项数据均满足要求后，将立柱焊接牢固。

（4）用吊车将构架横梁吊起，调整横梁的平衡度，以满足吊装要求。

（5）将横梁插入立柱中间（采用倒链或拉紧器调整立柱的间距），确认横梁的方向符合设计要求后，用螺栓将横梁和立柱连接牢靠。

（6）对安装过程中破坏的防腐层，进行修复。

三、隔离开关安装

1. 设备吊装

（1）用吊带将隔离开关捆绑牢靠，采用吊车分相进行吊装；

（2）吊装时，应明确隔离开关的安装方向（地刀的方位）；

（3）将调整好的设备与基础焊接（螺接）牢靠。

2. 附件安装

（1）按厂家设计图纸要求完成操作连杆的安装；

（2）按设计图纸要求安装操动机构；

（3）按照实际测量的数据，进行操动机构到隔离开关的操作杆的下料和安装。

3. 安装及调整

（1）隔离开关地面组装调整：

1）单相组装前应检查基座转动部分不应有卡阻现象，各传动机械传动部分应加制造厂规定的润滑脂，用手拨动后应有轻松感。

2）隔离开关触头应检查、清洗。在清理纯铜触头表面氧化物时，应使用金相砂纸，不得使用大颗粒砂纸及破坏涂层。触头的镀银层应无脱落现象，并加涂中性凡士林。载流部分的可挠连接不得有折损，表面应无严重的凹陷及锈蚀，连接应牢固，接触应良好。设备接线端子应涂以薄层电力复合脂。

3）选择等高的支柱绝缘子固定在同相底座上。在安装上节绝缘子时应防止下节绝缘子翻转。同组绝缘子调整误差可用软管及钢卷尺检查，其误差应≤2mm。

4）调节同一绝缘子柱的各绝缘子中心，同相各支柱绝缘子的中心线应在同一垂直平面内，垂直误差可用线垂和钢板尺检查，其误差应≤2mm。

5）调整同相的水平连杆，使两侧支持绝缘子分合闸同步；变动水平连杆位置，使隔离开关处于合闸位置；检查触头合闸接触情况,不应发生没有备用行程的情况,使触头的相对位置及备用行程符合技术规定。

(2)整体就位:

1)隔离开关吊装前在两端绝缘子间应有防止设备倾倒的措施。

2)吊装就位时,隔离开关主刀和接地开关的打开方向必须符合设计的要求。

3)三相间连接杆中心线误差可用拉线与钢卷尺来检查,其误差应≤2mm。

4)均压环(罩)和屏蔽环(罩)应安装牢固、平正。吊装就位还应校对带电部位与部位的安全净距,应符合《电气装置安装工程 母线装置施工及验收规范》(GB 50149—2010)的有关规定。

(3)操作机构就位与检查:

1)安装操作机构可用线垂调整机构轴线位置,使之与底座轴线重合,其误差应≤1mm。操作机构安装高度应符合设计的要求,固定牢固可靠。

2)手动机构的机械部分应转动灵活,其转动部分应加上符合厂家要求的润滑脂。分合位置的定位装置应正确可靠。辅助开关的动作应与闸刀动作一致、接触可靠。

3)电动机构除机械检查应符合上述要求外,还应检查电动机构分合闸线圈及二次回路绝缘是否良好。用 500V 或1000V 兆欧表检查,其绝缘电阻≥1MΩ,检查蜗轮与蜗杆的啮合应正确、轻便灵活、无卡涩现象,电气控制接线应正确、无断线或短接现象。

4)接地刀刃转轴上的弹簧应调整到操作力矩最小,并加以固定;在垂直连杆上涂以黑色油漆。

(4)整组调整:

1)调整隔离开关的分合闸位置,使分闸角度和合闸后触头间的相对位置、接触情况、备用行程均符合产品技术条件的规定。

2）对垂直、水平接杆的配制，应符合下列要求：

① 拉杆应校直，其弯曲误差不应大于 1mm。拉杆内径应与连接轴直径相配合，其间隙不应大于 1mm。

② 法兰与拉杆连接时，应保持法兰端面与拉杆轴线垂直，相间连杆应在同一水平线上。

③ 圆锥销规格与数量均应符合产品说明书要求。销子不得松动，也不得焊死。圆锥销打紧后，两头外露尺寸应不小于 3mm。

3）主刀闸与接地开关间的机械连锁必须可靠。此外在主刀合闸时，地刀窜动提升后，主刀与接地开关最小距离应满足电气最小安全净距要求。

4）触头间应接触紧密，两侧接触压力应均匀，且符合产品的技术规定。接触情况用 0.05mm×10mm 的塞尺进行检查，对于线接触的刀闸应塞不进去；对于面接触的刀闸其插入深度在接触表面宽度为 50mm 及以下时不超过 4mm，在接触表面宽度为 60mm 及以上时不应超过 6mm。

5）支柱绝缘子合闸定位螺钉调整尺寸应符合厂家技术规定，所有螺栓应紧固，设备表面清洁。相色标志正确，外壳接地可靠，符合设计要求。

6）隔离开关的相间误差，应不大于 20mm。

7）隔离开关的辅助开关应安装牢固，户外应有防雨措施，动作准确可靠。

8）隔离开关的防误操作机构必须安装牢固，动作可靠。

9）在手动分、合闸操作检查无误后，方可进行电动操作。第一次电动操作时应先将机构转轴处于中间位置，总支操作机构后，电动机的转向应正确，机构动作平稳，无卡阻、冲击等异常现象，限位装置准确、可靠，机构的分、合闸指示应与设备实际分、合闸位置相符。

4. 完工验收检查项目

（1）操作机构、传动装置、辅助开关及闭锁装置应安装牢固，动作灵活可靠；位置指示正确，无渗漏。

（2）相间距离及分闸时，触头打开角度和距离应符合产品的技术规定。

（3）触头应接触紧密良好。

（4）油漆应完整、相色标志正确、接地良好。

四、SF₆断路器安装

1. 施工前检查

（1）SF₆断路器到达现场后的保管：

1）设备应按原包装放置于平整、无积水、无腐蚀性气体的场地，并按编号分组保管；在室外应垫上枕木并加盖篷布遮盖；

2）充有 SF₆ 气体的灭弧室和罐体及绝缘支柱，应定期检查其预充压力值，并做好记录；有异常时应及时与厂家联系；

3）绝缘部件、专用材料、专用小型工器具及备品、备件等应置于干燥的室内保管；

4）瓷件应妥善安置，不得倾倒，互相碰撞或遭受外界的危害。

（2）SF₆气体到达现场后的保管：

1）新 SF₆ 气体应具有出厂试验报告及合格证件；运到现场后，每瓶应含水量检验。

2）SF₆气瓶的搬运和保管。SF₆气瓶的安全帽、防震圈应齐全，安全帽应拧紧；搬运时应轻装轻卸，严禁抛掷溜放；气瓶应存放在防晒、防潮和通风良好的场所；不得靠近热源和油污的地方，严禁水分和油污粘在阀门上；SF₆气瓶与其他气瓶不得混放。

（3）设备开箱检查：

1）传动机构零件应齐全，轴承光滑无刺，铸件无裂纹或焊接不良；

2）组装用的螺栓、密封垫、密封脂、清洁剂和润滑脂等的规定必须符合产品的技术规定；

3）灭弧室应预充有 SF₆ 气体，压力表指示为正压，压力值应与厂家技术要求相符；

2. 施工步骤

（1）断路器的安装：

1）SF₆断路器的安装应在无风沙、无雨的天气下进行。通常情况下，SF₆断路器不应在现场解体检查。如有缺陷必须在现场解体时，应经制造厂同意，并在厂方人员指导下进行。

2）根据产品标识按相序吊装断路器的灭弧室和机构。吊装时应按照厂家技术资料的规定选用吊装器具、吊点及吊装程序。因厂家出产品时已进行调试，应按产品编号正确区分每台断路器。吊装单极灭弧室单元必须使用尼龙绳吊装，将平卧的灭弧室直立前，为防止下部的传动单元受损，应用木板垫在下面。

3）安装控制箱。按图纸及说明书要求，用带有防松垫圈的螺栓固定控制柜，用力矩扳手按规定力矩拧紧螺栓，在电缆槽中敷设电缆，用支撑和紧固箍把每根电缆支撑横担相接，并以锁紧螺栓固定。

4）将灭弧室的传动机构与操作机构连接。

5）连接各相之间的机构连杆。

6）各转动部位应按照设备说明书的要求，添加适合当地气候条件的润滑脂以保证其转动灵活。

7）按产品规定更换吸附剂。

8）将支架（或基座）与已敷设好的接地网连接，连接应牢固，接触导通良好；

9）气管连接。用白布擦去阀门口上的油脂、灰尘，在O形胶圈上涂上适量的密封胶进行连接气管，注意检查密封槽面应清洁，无划伤痕迹，已用过的密封垫（圈）不得使用；涂密封脂时，不得使其流入密封垫（圈）内侧与SF₆气体接触；

10）组装完成后进行检查，在所有的活动轴处的C型挡圈穿入开口销，连接螺栓处涂防水密封胶。

11）设备接线端子接触面应平整、清洁、无氧化膜，并涂以薄层电力复合脂，镀银部分不得锉磨。

（2）断路器充气：

1）断路器组装完成后，由生产厂家派遣技术人员到现场进行充气。当气室已充有六氟化硫气体，且含水量检验合格时，可直接补气。

2）充注前检查充气设备及管路应洁净，无水分、油污；管路连接部分应无渗漏；

3）新的 SF_6 气体应具有出厂试验报告及合格证件，运到现场后，每瓶应作含水量检验。充气时不能太快以免结冰，气体压力略高于厂家要求值 0.05MPa 左右。

4）SF_6 气体充注。用制造厂专用充气工具按制造厂要求接好气瓶，先不要接断路器侧，开启气瓶用气体冲洗管道，管道吹风后方可连接断路器进行充气，方向与吹风方向一致；充气时现场设有温度计，以确定现场实际温度，并对温度曲线图折算现场实际温度的压力值（标准压力值是 20℃）；断路器充气至温度折算值略高 0.02MPa 后，关闭气瓶阀门，拧下充气工具，拧紧气瓶锁紧螺帽并清洁各部件。

5）气体检漏。泄漏值的测量应在断路器充气 24h 后进行。采用灵敏度不低于 $1×10^{-6}$（体积分数）的检漏仪对断路器各密封部位、管道接头等处进行检测时，检漏仪不应报警；采用收集法进行气体泄漏测量时，以 24h 的漏气量换算，年漏气率不应大于 1‰；

6）测量断路器内 SF_6 气体的微量水含量：微量水的测定应在断路器充气 24h 后进行。

测量与灭弧室相通的气室，应小于 $150×10^{-6}$（体积分数）；不与灭弧室相通的气室，应小于 $500×10^{-6}$（体积分数）。

（3）断路器的调整：

1）断路器的调整应在生产厂家技术人员的指导下进行。断路器调整后的各项工作参数：压力接点数值、密度继电器测试、各继电器的动作值、动作时间测定、防跳防慢分功能测试、三相跳闸不同期、SF_6 检漏等，应符合产品的技术规定；

2）断路器和操作机构的联合动作，应符合下列要求：

3）在联合动作前，断路器内必须充有额定压力的 SF_6 气体；

4）位置指示器动作应正确可靠，其分、合位置应符合断路器的实际分、合状态。

3. 施工质量要求

（1）断路器支架水平误差小于 2mm，三相支架中心距离误差小于 5mm，支架相间高度误差不得大于 2mm，支架或底架与基础的垫片不宜超过三片，其总厚度不应大于 10mm；各片间应焊接牢固；

（2）同相各支柱瓷套的法兰面宜在同一水平面上，各支柱中心线间距离的误差不应大于 5mm，相间中心距离的误差不大于 5mm，支柱瓷套垂直偏差不应大于瓷套长度的 2/1000；

（3）断路器和机构箱的安装应符合图纸且牢固可靠，外表清洁完整，动作性能符合规定；

（4）电气连接应可靠且接触良好；

（5）断路器及其操动机构联动应正常，无卡阻现象；分合闸指示正确，辅助开关动作正确可靠；

（6）密度继电器的报警、闭锁值应符合规定，电气回路传动正确；

（7）SF_6 气体压力、泄漏率和含水量应符合规定；

（8）油漆应完整，相色标志正确，接地良好。

五、电流、电压互感器安装

1. 设备检查

（1）互感器安装前应进行下列检查：外观检查完好，附件应齐全；油位应正常，密封应良好，无渗油现象；互感器的变比分接头的位置和极性符合规定；二次接线板应完整，引线端子应连接牢固、绝缘良好、标志清晰；隔膜式储油柜的隔膜和金属膨胀器应完整无损，顶盖螺栓应坚固。

（2）互感器可不进行器身检查,但在发现有异常情况时,应按下列要求进行检查:螺栓应无松动,附件完整;铁芯应无变形,且清洁紧密无锈蚀;绕组绝缘应完好,连接正确、紧固;绝缘支持物应牢固,无损伤;内部应清洁,无油垢杂物;穿心螺栓应绝缘良好;制造厂有特殊规定时,尚应符合制造厂的规定。

（3）互感器运输中油位计加了保护层的,要将其去掉;互感器的串并联变比接法与设计要一致。

（4）N端及备用端子需短接,并牢固接地,接地线使用2.5mm² 软铜线,压互的 X 端需接地。

（5）带油的电流、电压互感器注意油位是否正常。

（6）互感器顶部膨胀器的固定螺栓须拆除。

（7）二次接线完后必须恢复其盖板以防绝缘瓷屏受潮,且电缆穿孔须封堵。

2. 就位

（1）整体起吊时,吊索应固定在规定的吊环上,并应设置防倾倒措施,不得利用瓷裙起吊及碰伤瓷套。

（2）油浸式互感器安装面应水平,并列安装时应排列整齐,同一组互感器的极性方向应一致。

（3）具有吸湿器的互感器其吸湿剂应干燥,油封油位应正常。呼吸孔的塞子带有垫片时,应将垫片取下。

（4）具有均压环的互感器,均压环应安装牢固、水平,且方向正确。具有保护间隙的,应按制造厂规定调好距离。

（5）零序电流互感器的安装,不应使构架或其他导磁体与互感器铁芯直接接触,或与其构成闭磁回路。

（6）互感器整体倾斜度不得大于高度的 2‰。

（7）安装时二次接线盒或铭牌的朝向应符合设计要求并朝向一致。

3. 二次电缆敷设

（1）互感器就位后进行二次电缆敷设,电压互感器的二次接线端子不能短接,电流互感器的二次接线端子要构成回路。穿越互感器铁芯的电缆芯线保护层良好,匝数符合设计要求。

(2)互感器的下列部位应良好接地:分级绝缘的电压互感器,其一次绕组的接地引出端子;电容式电压互感器应按制造厂的规定接地;电容型绝缘的电流互感器一次绕组末屏的引出端子及铁芯引出接地端子;互感器的外壳;电流互感器的备用二次绕组端子先短路后接地。

六、避雷器安装

(1)安装前进行避雷器的外观检查,要求外部完整无缺陷,封口处密封良好,法兰连接处无缝隙,瓷件无裂纹、破损,瓷套与法兰间粘合牢固。

(2)避雷器各元件分件安装到设备支柱上,组装的上下节位置、编号应与设备供应商标志编号相符。要求每个元件的中心线与安装中心线垂直偏差小于 1.5‰倍元件高度。

(3)每台避雷器的支撑绝缘子应受力均匀,并注意放好绝缘套及绝缘垫。

(4)避雷器各连接处接触面去除氧化膜,涂敷电力复合脂,接触良好。

(5)均压环安装应水平。

(6)放电记录器密封良好,运作可靠,安装位置一致。

(7)安装时二次接线盒或铭牌的朝向应符合设计要求并朝向一致。

七、管型母线安装

1. 施工前检查

(1)检查到货的铝管、金具、瓷瓶及连接件,其结构与规格应与工程设计相符。所有使用的材料均应符合国家现行技术标准的规定,均有合格证件,并按规范要求进行外观检查。

(2)铝合金管材表面应光洁,无裂纹和损伤,最大挠度不应超标,否则应进行校直。按制造长度供应的铝合金管,其弯曲度不应超过表4-5的规定。

表 4-5	铝合金管弯曲度值	
管子规格/mm	单位长度(m)内的弯度/mm	全长(L)内的弯度/mm
直径为 150 以下冷拔管	<2.0	<2.0L
直径为 150 以下热挤压管	<3.0	<3.0L
直径为 150～250 以下热挤压管	<4.0	<4.0L

注：L 为管子的制造长度，m。

2. 现场布置

(1) 为便于施工，避免母线变形，连接场地应尽可能靠近母线的安装位置；

(2) 管母线应放置在垫有草袋等防护措施的道木上，道木间隔 3m 平行排列，道木上平面应用水准仪找平。

3. 铝管连接

(1) 配管及校直。由于母材供货长度不一，连管前应根据具体情况，按设计要求进行配管，配管应按下列原则进行：

1) 管母连接金具应避开管母的安装支点（固定金具）和管母引下线的金具，且距离应大于等于 50mm；

2) 三相管母引下线金具的位置不同，配管时应仔细计划，避免浪费。

配管前若铝管挠度超标，应进行调直后再配管，校直方案采用自制卡具，液压千斤顶法进行校直或利用现有的条件校直，确保整根母线的平直度。母线应矫正平直，切断面应平整且与轴线垂直。

(2) 连接外内管衬管的安装。管母线的连接采用外部连接金具，连接外内部有衬管将衬管分中，使一端插入管母线内，见图 5-7。在管口划印为观察衬管有无移动的标记，用平錾和榔头在管母线管口将衬管和管母铆錾 4 点，再将另一段管母套在外露的衬管上，注意观察管口印记，以防衬管滑脱。

(3) 母线连接金具及其他金具的安装。母线与母线或母

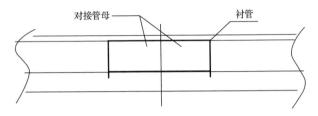

图 4-7　连接外内管衬管的安装

线与电器接线端子的螺栓搭接面的安装,应符合下列要求:

1) 母线接触面加工后必须保持清洁,并涂以电力复合脂;

2) 母线平直时,贯穿螺栓应由下往上穿,其余情况下,螺母应置于维护侧,螺栓长度宜露出螺母的 2~3 扣;

3) 螺栓受力应均匀,不应使电器的接线端子受到额外应力;

4) 母线的接触面应连接紧密,连接螺栓应用力矩扳手紧固,其紧固力矩值符合表 4-6 的规定。

表 4-6　　　　　　　　连接螺栓的紧固力矩值

螺栓规格/mm	力矩值/N·m
M8	8.8~10.8
M10	17.7~22.6
M12	31.4~39.2
M14	51.0~60.8
M16	78.5~98.1
M18	98.0~127.4
M20	156.9~196.2
M24	274.6~343.2

5) 螺栓固定的母线搭接面应平整,不应有麻面、起皮及

未覆盖部分；

6）各种金属构件的安装螺孔不应采用气焊割孔或电焊吹孔；

7）金属构件除锈应彻底，防腐漆应涂刷均匀，粘合牢固，不得有起层、皱皮等缺陷；

8）母线涂漆应均匀，无起层、皱皮等缺陷；

9）母线螺栓连接及支持连接处，母线与电器的连接处以及距所有连接处 10mm 以内的地方不应刷相序漆。

3. 管母线的吊装

（1）220kV、110kV 管母线的吊装采用单台吊车 3 点吊装安装；

（2）确定吊点组装附件时，应注意母线连接金具距其他各金属的距离不小于 50mm；

（3）相色漆也尽可能在地面刷好；

（4）相同布置主母线、分支母线、引下线及设备连接线应对称一致，横平竖直整齐美观。

八、母线连接安装

（1）软导线使用前进行外观检查，要求导线无扭结、松股及严重腐蚀等缺陷，同一截面处损伤面积应小于导电部分总截面的 1%。

（2）软导线安装长度采用麻绳实际量取，其弧垂度允许偏差小于 10%，并符合室外配电装置的电气安全距离要求。

（3）导线与线夹的连接采用液压压接，压接前先用汽油或其他清洗剂清洗线夹内表面，清除影响穿管的锌疤及焊渣。软导线穿管部分用钢丝刷清理干净氧化膜，用清洗剂清洗后涂敷电力复合脂。

（4）将铝导线插入线夹铝管内，注意线方向及加工面和导线的弯曲方向。选择合适的模具进行压接，操作液压机使每模达到规定压力。施压时相邻两模应重叠 5mm。第一模压好后，用千分尺检查对边尺寸，符合标准要求。继续将管子全部压完，如有飞边时用锉刀修平，并使用细砂布磨光。

（5）导线与设备连接后用 0.05mm 塞尺检查，塞入深度应小于 6mm。

（6）导线与设备连接后导线弧垂、弛度要符合设计、规范要求。

九、现场试验

现场试验应按照制造厂的技术文件要求和 GB 50150—2016 的规定进行。

1. 电容式电压互感器

（1）测量绝缘电阻；

（2）电容值测量；

（3）测量介质损耗正切值；

（4）测量电压比；

（5）检查三相接线组别和单相互感器引出线的极性；

（6）交流耐压试验；

（7）中间变压器一次、二次端子耐压试验；

（8）电容分压器耐压试验；

（9）中间变压器倍频感应耐压试验；

（10）局部放电测量；

（11）渗漏油检查；

（12）中间变压器绝缘油试验；

（13）制造厂安装说明书规定的其他试验项目；

（14）用于关口计量的互感器（包括电流互感器、电压互感器和组合互感器）及表记必须进行误差测量，且进行误差检测的机构（实验室）必须是国家授权的法定计量检定机构。

2. 电流互感器试验

（1）极性试验；

（2）测试变流比；

（3）测量线圈绝缘电阻；

（4）测试绕组直流电阻；

（5）交流耐压试验；

（6）测试 V-A 特性。

3. 避雷器试验

（1）测量每节避雷器绝缘电阻及避雷器底座绝缘电阻；

（2）测量电导或泄漏电流；

（3）最大工作电压持续电流试验；

（4）工频（直流）参考电压试验；

（5）放电计数器动作试验；

（6）制造厂安装说明书规定的其他试验项目。

4. SF_6 断路器试验

（1）测量绝缘电阻；

（2）测量导电回路及各线圈的直流电阻；

（3）交流耐压；

（4）测量断路器分、合闸时间；

（5）测量断路器分、合闸速度；

（6）测量断路器主、辅触头三相及同相各断口分、合的同期性及配合时间；

（7）测量断路器合闸电阻的投入时间及电阻值；

（8）断路器的电容器试验；

（9）操作机构试验；

（10）套管式电流互感器试验；

（11）测量 SF_6 气体微水含量（体积分数）；

（12）密封试验；

（13）测量气体密封继电器及压力动作阀的动作值。

5. 隔离开关试验

（1）操动机构线圈的最低动作电压（V）；

（2）隔离开关的主闸刀和接地闸刀分合试验；

（3）隔离开关回路电阻（$\mu\Omega$）；

（4）隔离开关一次绝缘电阻

6. 管型母线试验

（1）绝缘电阻测量；

（2）测量每相导电回路的电阻；

（3）交流耐压试验。

第六节 电缆安装

一、施工工艺流程(图 4-8)

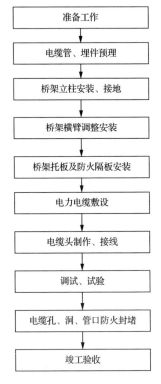

图 4-8 电缆施工工艺流程

二、电缆管预埋

暗埋电缆管应采用镀锌煤气管,明敷电缆管应采用优质无缝管或可挠性金属软管,电缆管应排列整齐美观。

(1)预埋管按施工图纸进行施工,管口坐标位置偏差不大于 10mm,立管垂直度偏差不超过 0.2%。

(2)镀锌钢管应采用圆锥管螺纹或套管焊接连接,连接处管内表面应平整、光滑。

（3）电缆管通过混凝土沉降缝和伸缩缝时应作补偿处理。如施工图纸未规定，应将管道在距建筑物 250mm 处断开，并在断开的两端套一段内径不小于埋设管道外径 2 倍的钢套管。在套管与埋设管道接缝处，应缠以麻丝并充填沥青。套管与埋设管道套接长度应为 100mm。

（4）电缆管露出地面高度应满足设计图纸要求，设计无要求时，一般为 200mm，管口坐标位置的偏差不大于 10mm。为防止混凝土等流入管内堵塞管路，以及管口的损坏和锈蚀，预埋管管口应加管帽保护，并应有明显的标记。

（5）预埋管道安装就位后，应固定牢固，防止混凝土浇筑和回填时发生变形或位移。焊接钢管支撑时，应注意不要烧伤管道壁。

（6）若预埋管终端设置在明装的设备管道盒或设备上，应采用模板固定，以确保管口位置准确。

（7）预埋的电气管道中应穿一根直径不小于 2mm 的镀锌铁丝，末端露出终端外。

（8）在施工图纸无规定时，管道穿过楼板的钢性套管，其顶部应高出地面 50mm，底部与楼板底面平齐，安装在墙壁内的套管，其两端应与墙面相平。管道穿过水池壁和地下室外墙时，应设置防水套管。

（9）并列敷设的电缆管管口应排列整齐。

三、电缆桥架安装

（1）由测量工放出立柱的安装位置，在同一直线段最少放出 4 个基准立柱的位置，每个基准立柱都要调整到垂直度不大于 2mm/m，然后在每个立柱的上下两端各拉一钢琴线，其他立柱的安装就以这两条钢琴线进行安装。

（2）立柱的焊接全部由专业电焊工进行焊接，立柱焊接时，焊口应饱满，无虚焊、夹渣、咬边，每根立柱固定好后，水平和竖直度偏差不能超过 2mm/m，焊接后相邻间立柱左右偏差不大于 5mm。

（3）如果托臂是厂家提供的产品，在安装前，要检查规格型号是否符合设计，托臂有无变形，镀锌层有无脱落。安装时，每个螺栓都应固定牢靠。

（4）如果施工人员自己组合托臂，则下料时，切口要平正，尺寸偏差≤2mm。

（5）所有托臂在组合安装时，利用水准仪在同一层桥架基准立柱上找出不超出设计许可的范围内的托臂安装位置，基准托臂的安装数量要比基准立柱的数量多，以便用来消除由于土建浇筑误差造成的高低不平。再在基准托臂前后各固定一钢琴线，其他托臂按照此钢琴线进行安装，托臂应保持水平，同一标高的托臂上下偏差不得超过2mm。

（6）桥架安装前，检查桥架有无变形现象，镀锌层有无脱落。

（7）桥架需要切割时，不能使用气割的方式进行，必须采用切割机或角向磨光机进行切割。切口要正，并用平锉将毛刺、锐边打磨光滑。切割后的梯架或托盘用电钻钻孔，钻孔后清除铁屑再锉平。

（8）铺设桥架时，接头要对正，连接螺栓应由内向外穿，桥架连接牢固，横平竖直，水平方向误差全长不超过5mm，垂直度不超过3mm。

（9）当多层桥架标高同时改变时，桥架层间距离应保持不变，桥架与桥架应保持平行。

（10）桥架安装，应先安装主桥架，当盘柜或控制箱就位后，再安装分支架，分支架与盘柜或控制箱连接牢固。

（11）组装电缆竖井时，竖井垂直误差≤2/1000 H（H 为竖井高度），支架横撑水平误差≤2/1000L（L 为竖井宽度），竖井对角线误差≤5/1000L（L 为竖井对角线长度）。

（12）将焊渣清除干净，补刷防腐漆和银粉漆，刷漆时应无滴流、花脸现象。

（13）桥架安装按设计要求重复与接地导体连接一次，同时，接地导体必须有两点以上与接地网可靠连接。

四、110kV 及以上高压电缆施工

1. 施工准备

（1）电缆敷设前,高压电缆廊道、井应畅通,清洁无杂物,沿通道全程布置照明灯具,保证施工现场照明充足;在电缆各转弯及竖井上下口部位埋设必要的地锚。

（2）沿电缆廊道布置托辊,直线段托辊间隔应不超过2m,转角部位布置转向托辊,孔口部位设置孔口托辊,竖井垂直段布置垂直托辊,电缆托辊应固定牢靠。

（3）高压电缆的敷设主要采用专用的电缆敷设机进行。

（4）为保证电缆敷设工作的顺利进行,现场配置一定数量的手提式报话机,以保证各部位人员的及时联络。主要部位(电缆盘旁、卷扬机旁、电缆拐弯处等)人员必须单独配备报话机,由专人监护。整个敷设过程由专人统一指挥。

（5）制作电缆敷设用的放线架,放线架应有双侧制动装置,放线架应固定可靠。在放线架附近设自制电缆放线架一个,用于托放电缆,保证电缆弯曲半径。

（6）高压电缆敷设时,采用电缆输送机输送电缆,关键部位由专人监护。在主变场周围靠近电缆终端孔口位置附近,布置牵引放线盘,孔口处布置一个支架,用于托放电缆,保证电缆弯曲半径。

2. 电缆敷设

（1）高压电缆的敷设主要采用专用的电缆敷设机进行。

（2）首先从电缆盘上取一段电缆,穿入电缆输送机,启动输送机,匀速向前输送,牵引速度符合厂家要求,牵引压力符合厂家技术要求。牵引头由专人(并配置报话机)负责电缆首端的导向工作,防止电缆头撞在托辊上。在直线段每隔3m站一人用棕绳进行人力辅助牵引,对电缆转向和电缆在托辊上的滚动情况进行监护,防止托辊倾倒或电缆滑出托辊。

（3）在电缆敷设中间如果需要停放,必须断开输送机电源,拉紧制动装置并锁定,每个重要位置设专人看护。

（4）敷设电缆时环境温度不能低于 0℃,如果温度低于

0℃时,采取措施提高环境温度。

（5）电缆到位后,将电缆沿电缆廊道由下而上蛇形布置往回排列到电缆架上,按设计及厂家技术要求固定,转弯处半径应符合厂家设计要求。

（6）电缆排列整齐后,预留够户外终端制作长度及设计要求的富余长度,并做好记号,确认无误后,截断电缆。

五、10kV 及以下电力电缆敷设

（1）电缆敷设前应将电缆通道清理干净,电缆架安装好,并准备好电缆敷设所需的工器具及材料。

（2）电缆敷设以人力为主,必要时辅以电缆托辊和卷扬机、吊车等机械工具。

（3）电缆敷设严格按施工图纸施放,走向符合设计要求,敷设的电缆应排列整齐,不得有交叉或弧垂过大现象,每放一根固定一根,在拐弯处及其他特殊部位应有专人监护。

（4）动力电缆和控制电缆分层敷设于各层布置的电缆桥架上,动力电缆应在控制电缆的上面。

（5）电缆敷设完后应在电缆的首端、尾端、转弯及每隔50m 处,设有编号、型号及起止点等挂标识牌。

（6）在下列地方要将电缆固定:

1）垂直敷设或超过 45°倾斜敷设的电缆,在每个支架上或桥架上每隔 2m 处;

2）水平敷设的电缆,在电缆首末两端及转弯、电缆接头的两端处;

3）当对电缆间距有要求时,每隔 5～10m 处。

六、高压电缆中间及终端头制作

1. 高压电缆中间接头制作

（1）选好热缩套件,切割电缆。将待接头两端电缆自断口处交叠,交叠长度为 200～300mm,量取交叠长度的中心线做记号,并将黑色填充保留后翻,不要割断。

（2）将热缩套件中一长一短两根直径最大的黑色塑料管分别套入两端电缆,并处理线芯。

（3）离引线头 60～85mm 处削锥形(铅笔头状),以后留出 5mm 内半导电层。

（4）清洁半导层。用附带的清洗剂清洁线芯（注意整个过程操作者要保持手的干净）。

（5）包缠应力控制管。应力疏散胶并套入应力控制管。

（6）烘烤应力控制管。

（7）在长端尾部套入屏蔽控制铜网。

（8）依次套入绝缘材料。在长端依次套入绝缘材料，内层为红色内绝缘管，外层为黑色外半导电管，短端套入黑色内半导电管。

（9）压接芯线。芯线涂导电膏，把铜接管孔内处理干净，芯线穿进半个铜接管。压紧铜接管注意压接质量，打磨压接头，消除尖端放电。

（10）接头上包绕。在接头上包绕黑色半导电带，在铅笔头上用应力胶填充。

（11）烘烤半导电管。将短端已经套入的黑色内半导电管移至接头上烘烤收缩，用配套清洁剂清洁整个芯线的绝缘层和半导电管及应力管。

（12）烘烤内绝缘。将套入长端最内层的红色内绝缘管移至接头上，在该管两管口部位包绕热熔胶，然后从中间向两端加热收缩。

（13）烘烤外绝缘管。将套入长端第二层的红色外绝缘管移至接头上，在该管口两端包绕热熔胶，然后从中间向两端加热收缩，完成后在两端包绕高压防水胶布密封。

（14）烘烤外半导电层。将套入长端的最外层黑色外半导电层移至接头上，在该管口两端包绕热熔胶，然后从中间向两端加热收缩。

（15）各相分别套入铜网屏蔽。将套入长端铜蔽网移至接头上，用手将屏蔽网在各相上展平，同时注意将铜网两端压在电缆原来的屏蔽层上，用锡焊焊接。

（16）绑扎，整形。将原来切割电缆时翻起的填充物翻回，用白纱带将三相芯线绑扎在一起，注意接头处圆滑平整。白纱带外面可包绕一层高压热缩带，增加密封绝缘度。

（17）焊接地线。用附带的编制铜线将接头两端的保护钢铠焊接起来。

（18）烘烤外护层。将一端电缆中早已套入的长外护套管移至超过压接管位置时开始热缩。

（19）外护套对接处不小于100mm，电缆外护层与外护套连接处要打毛，涂上密封胶，最后把外护套缩紧。

2. 冷缩高压终端电缆头制作

（1）把电缆置于预定位置，剥去外护套（25～240mm² 电缆剥开长度：户外840mm，户内为760mm。300～400mm² 电缆剥开长度：户外870mm，户内为780mm）。

（2）外护套端口往上量取35mm长的钢铠，用铜丝捆绑固定，其余剥除。

（3）从钢铠断口往外，留取10mm内护套，其余剥除。

（4）从芯线顶端向下量取铜屏蔽，户外量取端子孔深＋5mm＋245mm，户内量取端子孔深＋5mm＋180mm，用PVC胶带缠绕标记，剥除量取的铜屏蔽。

（5）从铜屏蔽上端，在外半导层上留取20mm，用PVC胶带缠绕标记，其余剥除。

（6）从芯线端部剥去长度为端子孔深＋5mm的绝缘层，在绝缘层断口处，用刀切出45°坡口。在外半导层端口处，用刀削出45°坡口，紧挨端口在绝缘层上缠绕3层PVC胶带，保护绝缘层。用砂纸把坡口打磨光滑。解掉PVC胶带。用电缆清洁纸擦净绝缘层和铜导线。用锯条及砂纸打磨钢铠，去掉防锈漆，用砂纸打磨钢铠和铜屏蔽。

（7）把地线末端插入三芯电缆分叉处，将地线绕包三相铜屏蔽一周后引出，用恒力弹簧卡紧地线。再把地线拉直，反折一次，用恒力弹簧固定在钢铠上接地。

（8）在恒力弹簧上缠绕两层PVC胶带，保证弹簧不会松脱。在电缆三叉口处填充胶带绕包若干层，填实。用PVC胶带缠绕一圈覆盖在密封胶带上。用填充胶填平两个恒力弹簧之间的间隙。在恒力弹簧下面约35mm处缠绕一层弹性密封胶，地线放置于上面，然后再缠绕一层弹性密封胶覆盖在接地线上面。

（9）把冷缩三指套放到电缆根部，先分别逆时针抽掉三芯指套的三芯指端塑料支撑条，自然收缩，然后自然收缩根部。

（10）将冷缩护套管分别套入三芯电缆。在三相使护套管重叠在三指套各分支上 20mm 处，逆时针抽掉塑料支撑条，让其自然收缩。

（11）户外从半导层断口处向内量取 50mm（户内 40mm）分别用不同颜色的 PVC 胶带缠绕标记作为冷缩终端头安装基准。在主绝缘表面均匀涂抹硅脂膏，套入冷缩终端头，定位于 PVC 标识带处。逆时针抽掉塑料支撑条，使终端自然收缩。

（12）用电缆清洁纸清擦绝缘层。用填充胶带填平接线端子与主绝缘之间的空隙。

（13）分别在各相套进冷缩密封管，逆时针抽掉塑料支撑条，使密封管自然收缩。

3. 热缩终端电缆头的制作

（1）剥外护套。为防止钢铠松散，应先在钢铠切断处内侧把外护层剥去一圈（外侧留下），做好卡子，用铜丝绑紧钢铠并焊妥钢铠接地线，最后剥外护套。

（2）锯钢铠。上一步完成后，在卡子边缘（无卡子时为铜丝边缘）顺钢铠包紧方向锯一环形深痕，（不能锯断第二层钢铠，否则会伤到电缆），用一字螺丝刀撬起（钢铠边断开），再用钳子拉下并转松钢铠，脱出钢铠带，处理好锯断处的毛刺。整个过程都要顺钢铠包紧方向，不能把电缆上的钢铠搞松。

（3）剥内护绝缘层。注意保护好色相标识线，保证铜屏蔽层与钢铠之间的绝缘。

（4）焊接屏蔽层接地线。把内护层外侧的铜屏蔽层铜带上的氧化物去掉，涂上焊锡。把附件的接地扁铜线（分成三股），在涂上焊锡的铜屏蔽层上绑紧，处理好绑线的头，再用焊锡与铜屏蔽层焊住，焊住线头。外护套防潮段表面一圈要用砂皮打毛，涂密封胶，以防止水渗进电缆头。屏蔽层与钢铠两接地线要求分开时,屏蔽层接地线要做好绝缘处理。

(5) 在电缆芯线分叉处做好色相标记,按电缆附件说明书,正确测量好铜屏蔽层切断处位置,用焊锡焊牢(防止铜屏蔽层松开),在切断处内侧用铜丝扎紧,顺铜带扎紧方向沿铜丝用刀划一浅痕(不能划破半导体层),慢慢将铜屏蔽带撕下,最后顺铜带扎紧方向解掉铜丝。

(6) 在离铜带断口 10mm 处为半导电层断口,断口内侧包一圈胶带作标记。可剥离型:在预定的半导电层剥切处(胶带外侧),用刀划一环痕,从环痕向末端划两条竖痕,间距约 10mm。然后将此条形半导电层从末端向环形痕方向撕下(不能拉起环痕内侧的半导电层),用刀划痕时不应损伤绝缘层,半导电层断口应整齐。检查主绝缘层表面有无刀痕和残留的半导电材料,如有应清理干净。

(7) 用不掉毛的浸有清洁剂的细布或纸擦净主绝缘表面的污物,清洁时只允许从绝缘端向半导体层,不允许反复擦,以免将半导电物质带到主绝缘层表面。

(8) 半导电管在三根芯线离分叉处的距离应尽量相等,一般要求离分支手套 50mm,半导电管要套住铜带不小于20mm,外半导电层已留出 20mm,在半导电层断口两侧要涂应力疏散胶(外侧主绝缘层上 15mm 长),主绝缘表面涂硅脂。半导电管热缩时注意:铜带不松动表面要干净(原焊锡要焊牢),半导电管内不留一点空气。热缩时从中间开始向两头缩,要掌握好尺寸。

(9) 在内绝缘层和钢铠这段用填料包平,在手指口和外护层防潮处涂上密封胶,分支手套小心套入(做好色相标记),热缩分支手套,电缆分支中间尽量少缩,涂密封胶的 4个端口要缩紧。

(10) 测量好电缆固定位置和各相引线所需长度,锯掉多余的引线。测量接线端子压接芯线的长度,按尺寸剥去主绝缘层(稍有锥度),芯线上涂点导电膏或硅脂,压接线端子。处理掉压接处的毛刺,接线端子与主绝缘层之间用填料包平,在接线端子上涂密封胶,最后一根绝缘热缩套管要套住接线端子,绝缘套管都要上面一根压住下面一根。最后套色相管。

七、光缆施工

1. 光缆施工与铜缆施工之间的重要区别

(1) 光缆的纤芯是石英玻璃制成的,非常容易折断。因此在施工弯曲时,决不允许超过最小的弯曲半径。

(2) 光纤的抗拉强度比铜缆小。因此在操纵光缆时,不允许超过各种类型光缆的拉力强度。

(3) 光缆光纤和电缆导线的接续方式不同。光纤的连接不仅要求连接处的接触面光滑平整,且要求两端光纤的接触端中心完全对准,其偏差极小,因此技术要求较高,且要求有较高新技术的接续设备和相应的技术力量,否则将使光纤产生较大的衰减而影响通信质量。

2. 光缆敷设

(1) 施工过程中光缆弯曲半径应不小于光缆外径的20倍。

(2) 光缆布放的牵引力应不超过光缆允许张力的80%,瞬间最大张力不超过光缆允许张力的70%(指无金属内护层的光缆),以牵引方式敷设时,主要牵引力应加在光缆的加强件(芯)上,并防止外护层等脱落。

(3) 为避免牵引过程中光纤受力和扭曲,光缆牵引时,应制作合格的光缆牵引端头。

(4) 光缆布放采用机械牵引时,应根据地形、布放长度等因素选择集中牵引、中间辅助牵引或分散牵引等方式。

(5) 光缆布放采用人工方式,并采取地滑轮人工牵引方式或人工抬放方式。当采用人工抬放方式敷设时,在抬放前,应简要地介绍抬放方法、要领、安全知识和工程质量要求等内容。抬放速度应均匀,避免光缆打圈,避免用力过猛或用力不均等现象。发现光缆打圈要立即停止布放,将光缆慢慢放开,并检查光缆判断光纤是否受到损伤。同时注意光缆曲率半径,拐弯处尽量使弯曲弧度大一些。

(6) 避免在水泥、尖石地面拖曳光缆。为避免光缆护层擦伤,避免在地面上拖曳,尤其在水泥地尖石等容易磨损层的地面;对于陡坡地段,应用地滑轮或草袋等物品垫在光缆下面。对于大面积会对电缆磨损较严重的地段应增加抬放人员,使光缆不在地面拖曳,避免光缆外护层损伤。

(7)光缆布放,必须严密组织并有专人指挥。布放过程中,应有良好的通信联络手段,禁止未经训练的人员上岗和在无联络设施的条件下作业。

(8)光缆布放完毕,发现可疑尾部时,应及时测量,确认光纤是否良好。光缆端头必须作严格的密封防潮处理,不得浸水。

(9)光缆转盘由 2 人进行,铠装光缆可适当增加人数。转盘处可有一人持对讲机与牵引转盘人员配合。转速与牵引速度应同步,注意光缆从盘上退下太快、太多都应禁止,以免损伤光缆。

(10)光缆端头的密封处理,是在护层对地绝缘检查后,用光缆端头热可缩端帽作保护。注意用喷灯加温时应使其受热均匀。热缩帽内热熔胶熔化后使帽口堵塞。热缩加热前、后都应检查端帽是否完好。

(11)接头预留光缆应妥善放置,一般预留长度 7~12m 并盘成圈放置。

(12)同沟敷设的光缆,不得交叉、重叠;布放光缆时,光缆必须由缆盘上放出并保持轻弛弧形,不要在地上拖拉;布放过程中光缆应无扭转,严禁打小圈、浪涌等现象发生,敷设后的光缆应平直、无刮痕和损伤。

(13)架空光缆垂度一定要符合设计要求,光缆挂钩间距为 500mm,允许偏差应不大于±30mm,电杆两侧的第一只挂钩距电杆为 250mm,允许偏差±20mm。挂钩在吊线上的搭扣方向应一致,挂钩托板齐全。

(14)架空光缆每隔 5 杆档作一处杆弯预留,预留在电杆两侧的挂钩下垂约 250mm,并套塑料管保护。

(15)架空光缆防强电、防雷措施应符合设计规定。架空光缆与电力线交越时,应采用胶管将钢绞线作绝缘外处理,光缆与树木接触部位应用胶管或蛇形管保护。

3. 光纤接续

（1）光缆的开剥。光缆开剥前，首先用断线钳剪除两端光缆头 0.5～1.5m，预防光缆端头在敷设时弯曲半径过小造成的纤芯损伤。然后清洁光缆外皮大约 2m，用光缆环切刀开剥光缆外护套，一般光缆开剥长度 1.2～1.5m，开剥时一定要把握好环切刀片进刀深度，防止损伤光纤松套管。拔除光缆外护套时，光缆的转弯半径应大于光缆直径的 20 倍。开剥后的光缆口应平齐、无毛刺，束管纤芯无损伤。整理束管时，从开剥处剪断纱线及填充芯，加强芯留长约 40mm 剪断（实际长度视接续盒而定），用卫生纸或脱脂棉擦洗干净光纤松套管上的油膏后区分松套管管序，粘贴标签。

光缆的端别和松套管管序的确定，正对光缆端面，按填充芯颜色以红色松套管或领示填充芯开始，按照顺时针方向确定松套管管序为 1、2、3…管，以绿色填充芯结束，此端光缆为 A 端，以红色填充芯开始逆时针方向确定松套管管序为 1、2、3…管，以绿色填充芯结束，此端光缆为 B 端（以上管序分法简称红头绿尾）。松套管内光纤的纤序顺序以色谱（以 12 纤为例）蓝、橙、绿、棕、灰、白、红、黑、黄、紫、粉红、天蓝顺序排列。

（2）光缆固定。光缆固定包括加强芯和光缆的固定。为防止光纤松套管受损，已开剥的光缆口用绝缘胶带缠绕几圈，然后将加强芯和光缆固定在接头盒钢质或塑料支架上，加强芯可适度折弯，以提高光缆在接头处的抗拉力及光缆的转动。注意加强芯折弯程度以能够防止接头盒密封后光缆左右转动。

（3）纤芯束管开剥。用束管刀夹紧切断松套管并拔出，但不能损伤里面的纤芯，用脱脂纱布擦洗净光纤上的油膏用扎带将光纤松套管固定在收纤盘上。

（4）光纤接续：

1）光缆熔接。光纤直通熔接应按两根接续光缆束管顺序和纤序一一对应。

2）光纤端面的制备。光纤端面的制备分穿套纤芯热熔保护管、剥覆、清洁和切割四步，合格的光纤端面是熔接的必要条件，端面质量直接影响到光纤熔接损耗的大小。

剥覆。剥除光纤表面的涂覆层，要掌握"平、稳、快"三字法。即手握光纤要握紧放平，剥纤钳要握稳抓牢，剥纤的动作要准、要快。剥覆之前先在一端套入热缩管（光纤加强芯）。

清洁。剥除了涂覆层的光纤，不能直接切割，表面还有残留的涂覆材料，必须擦拭干净后方可切割。清洁方法是将医用脱脂棉撕成一薄小方块，占少许无水乙醇（酒精），将剥覆后的光纤放上对折夹住，顺光纤轴向从不同的角度擦拭，有吱吱声时，表明已清洁干净。

切割。切割是光纤端面制备的关键环节。切割光纤需用专用的光纤切割刀。切割前要将光纤切割刀放置在平稳的地方，并用酒精棉签清洗切割刀片。光纤切割长度应根据使用热缩管的长度而定。对于 60mm 长度的热缩管，光纤端面的切割长度为 16mm 左右。

光纤切割之后不能再对裸露的光纤进行清洁，切割面不要与其他任何物体接触或长时间放置，应立即放入熔接机 V 型槽里。熔接使用中光纤时不能用肉眼直接向纤中窥探，以防止激光灼伤眼睛。

3）光纤熔接。光纤熔接是光纤接续的中心环节，需用专业熔接机。光纤熔接就是利用熔接机两个电极放电熔化光纤，将两根光纤熔接在一起的固定永久连接，具有接续损耗小，熔接点牢固可靠的特点。

如果在环境与气候差异较大的地方交替熔接时，或选择使用全自动的熔接模式时，熔接前应根据被接光纤的类型选择熔接程序和加热程序，同时为了得到最佳的熔接效果，需要调整电极放电的功率。所以在使用熔接机之前或出现较高的熔接损耗时，都要进行放电校正检查，若出现连续 4 次放电自检结果不良，就要检查电极端头是否氧化层太厚、是否需要打磨或更换电极。因电极放电寿命有限（一般 2000 次左右）尽量少做放电校正试验。如果熔接机的 V 形槽、光纤压脚、板等有污染,及时用沾有无水酒精的棉签擦拭干净,之后再进行熔接操作。

4)光纤接头的增强保护。由于光纤在连接时剥掉了一次涂覆层,抗拉强度大幅下降,因此在光纤熔接后就要对接头部位进行增强保护。将预先套进光纤的热缩管轻滑到熔接部位,熔接点处于热缩管的中间,然后置于加热器内进行加热。

(5)余纤收容。余纤的收容也称盘纤,光纤接续完成并经测试合格后,将余留的光纤盘绕在余纤收容盘内。科学、合理的盘纤,可有效减小光纤的弯曲损耗,经得住时间和恶劣环境的考验。盘纤结束后要用 OTDR 复测一遍。

(6)光缆接头封盒。余纤收容完成后,进行接头盒的封盒。封盒前,要检查盒内光纤是否翘起、外露,收纤盘是否固定好,进缆口、接头盒四周密封填充胶要填充均匀。紧固上下盒体时,要循环递进加力,使盒体均匀受力,谨防断裂。封盒过程中和封盒后也要加强 OTDR 的监测,检查封盒是否对光纤有损害。

八、现场试验

(1)10kV 电缆头制作完毕,用 2500V 摇表测量芯线对地绝缘电阻>1000MΩ/km;用 500V 摇表测量护套对地绝缘电阻>0.5MΩ/km。

(2)泄漏电流及直流耐压试验:直流耐压与泄漏电流试验同时进行,试验持续时间为 10min。分别以 0.25 倍、0.5 倍、0.75 倍、1.0 倍分段上升,每点停留 1min 并读取泄漏电流值。

(3)1kV 以下动力电缆:用 1000V 摇表测量绝缘电阻,其值应不小于 10MΩ,潮湿环境不低于 0.5MΩ;电缆交流耐压试验电压为 1000V,持续 1min。可用 2500V 兆欧表测试 1min,代替耐压试验。

(4)电缆绝缘电阻的不平衡系数应不小 5。

(5)核对相位,相位应正确,电缆端头的相色标记应与实际相符。

第七节 接地安装及测试

一、施工工艺流程(图 4-9)

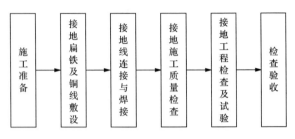

图 4-9 接地安装施工工艺流程

二、接地极施工

(1)接地体的加工。根据设计要求的数量、材料规格进行加工,材料一般采用钢管和角钢切割,长度不应小于2.5m。如采用钢管打入地下,应根据土质加工成一定的形状,遇松软土壤时,可切成斜面形,为了避免打入时受力不均使管子歪斜,也可加工成扁尖形;遇土质很硬时,可将尖端加工成圆锥形。如选用角钢时,应采用不小于 $40mm \times 40mm \times 4mm$ 的角钢,切割长度不应小于 2.5m,角钢的一端应加工成尖头形状。

(2)挖沟。根据设计图要求,对接地体(网)的线路进行测量弹线,在此线路上挖掘深为 0.8~1m、宽为 0.5m 的沟,沟上部稍宽,底部渐窄,沟底如有石子应清除。

(3)安装接地体(极)。沟挖好后,应立即安装接地体和敷设接地扁钢,防止土方倒塌。先将接地体放在沟的中心线上,打入地中,一般采用手锤打入,一人扶接地体,一人用大锤敲打接地体顶部。为了防止将接地钢管或角钢打劈,可加一护管帽套入接地管端,角钢接地体可采用短角钢(约100mm)焊在接地角钢一端。使用手锤敲打接地体时要平稳,锤击接地体正中,不得偏斜,应与地面保持垂直,当接地体顶端距离地面 600mm 时停止打入。

（4）接地体间的扁钢敷设。扁钢敷设前应调直，然后将扁钢放置于沟内，依次将扁钢与接地体用电焊（气焊）焊接。扁钢应侧放而不可平放，侧放时散流电阻较小。扁钢与钢管连接的位置距接地体最高点约 100mm。焊接时应将扁钢拉直，焊好后清除药皮，刷沥青做防腐处理，并将接地线引出至需要位置，留有足够的连接长度。

三、接地装置施工

1. 暗敷接地体的安装

（1）埋设在混凝土中的接地扁钢敷设须根据土建进度进行。

（2）等土建仓号具备接地扁钢敷设条件时，按施工图纸，确定接地扁钢的安装位置。关键位置及重要的引出点，可由测量放点定位。

（3）接地线的连接采用焊接，焊接牢固无虚焊。

（4）接地体（线）的焊接采用搭接焊时，搭接长度符合下列规定：

1）扁钢为其宽度的 2 倍（至少 3 个棱边焊接）；

2）圆钢为其直径的 6 倍；

3）圆钢与扁钢连接时，其长度为圆钢直径的 6 倍；

4）焊接完成后，对焊接部位补刷防腐漆进行防腐处理。

（5）在采用放热焊接方式时需注意：

1）驱除水气；

2）清洁被熔接物；

3）清洁模具。

（6）接地扁钢敷设位置如有钢筋、钢管等自然接地体，须每隔 1～2m 与自然接地体可靠焊接连接一次。

（7）在每个仓号接地扁钢敷设完成后，进行检查验收，并填写相应的施工记录，由监理签字认可后，才能进行浇筑覆盖。在浇筑过程中，须注意保护，防止扁钢移位或被砸断。同时对预留的接地抽头作好明显的标记。

2. 明敷接地线敷设

在电气设备安装结束后,按照工程接地图纸和电气装置安装图纸,进行电气设备、基础构架、电缆桥架等设备的接地线,明敷接地线的敷设,按下列工艺要求施工:

(1) 在土建工程完工后,根据设计图纸,由测量放出基准点。

(2) 根据基准点,按施工图纸进行画线,标记出支持件安装位置及接地线走向。

(3) 支撑件间的距离,在水平直线部分宜为 0.5～1.5m;垂直部分宜为 1.5～3m;转弯部分宜为 0.3～0.5m。

(4) 接地线按水平或垂直敷设,亦可与建筑物倾斜结构平行敷设;在直线段上,不得有高低起伏及弯曲等情况。

(5) 接地线沿建筑物墙壁水平敷设时,离地面距离宜为250～300mm;接地线与建筑物墙壁间的间隙宜为 10～15mm。

(6) 在接地线跨越建筑物伸缩缝、沉降缝处时,须设置补偿器。补偿器可用接地线本身弯成弧状代替。

(7) 明敷接地线表面涂以 15～100mm 宽度相等的绿色和黄色相间条纹。

3. 设备及金属构件接地连线的安装

(1) 设备就位后从设备接地端子引接地线到预留接地抽头上。引线位置不应妨碍设备的拆卸与检修。

(2) 接地连线按照设计图纸,根据实际情况采用扁钢或软铜线。如采用软铜线,应挂锡。

(3) 每个电气装置的接地应以单独的接地线与接地干线相连接,不得在一个接地线中穿接几个需要接地的电气装置。

(4) 当电缆穿过零序电流互感器时,电缆头的接地线应通过零序电流互感器后接地;由电缆头至穿过零序电流互感器的一段电缆金属护层和接地线应对地绝缘。

(5) 避雷器须用最短的接地线与主接地网连接。

(6) 全封闭组合电器的外壳按制造厂规定接地;法兰片

间采用跨接线连接,并应保证良好的电气通路。

(7)用软铜线做接地线不能采用焊接时,可用螺栓连接紧固,螺栓连接处的接触面须用锉刀和细砂纸清理平整干净,螺栓采用镀锌螺栓。

(8)所有设备接地线安装完成后,在接地线表面涂以15~100mm宽度相等的绿色和黄色相间条纹。当用胶带时,应使用双色胶带。

四、降阻材料施工

(1)按设计要求进行开挖,垂直接地极一般是安装在地表面下 800~1000mm 处铺设,通常要求垂直极长 2500~3000mm。为灌降阻剂,需打直径为 100~150mm 的孔,一般泥土可用简单的窝锹挖孔,也可用钻机。砂石一般先挖一个大一些的坑,然后放入直径为 100~150mm 的模具(钢管)将周围夯实后再将模具抽出。岩石用钻机进行钻孔。垂直极降阻剂施工示意图见图 4-10。

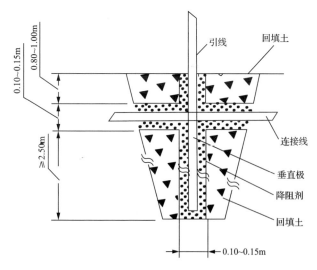

图 4-10 垂直极降阻剂施工

（2）水平接地极要求在地表下 800～1000mm 的深度铺设，开挖与一般施工一样，只是要求在 800～1000mm 处开挖 100mm×100mm 的小沟，以便安放扁钢和浇筑降阻剂，扁钢下部间隔一定的间距放置垫金属块或小石块，让其悬空，使降阻剂完全包裹扁钢。水平接地极降阻剂施工示意图如图 4-11。

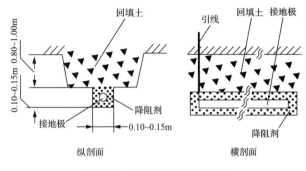

纵剖面　　　　　　　　　横剖面

图 4-11　水平接地极降阻剂施工

（3）接地网是由垂直接地极和水平接地极组成的整体，因此在垂直孔、水平沟挖好后，将整个接地体焊接连通后方可灌降阻剂，一旦降阻剂灌下后不可再敲击、搬动扁钢。

（4）将按照产品技术要求调配好的降阻剂轻轻倒入（以防泥石、杂物混入降阻剂中）接地沟、孔内直至全部无遗漏地包覆住接地极，并初测包覆厚度不小于 40mm，钻孔四壁充实，不足时要补充。

（5）待降阻剂初凝后，详细检查降阻剂包覆，降阻剂包裹应表面均匀、充分无遗漏、无杂物混入，包覆体厚度最薄处不少于 40mm，不足时要补充降阻剂。检查无误后，回填无硬物和树枝的细土，厚度要达到 20mm 以上，然后再加其他土壤并夯实。

五、接地电阻测试

1. 测量方法

接地电阻采用电压-电流表测试法进行测量。

2. 电极的布置

（1）测量接地电阻采用直线布置法，试验接线及电极的布置见图 4-12。

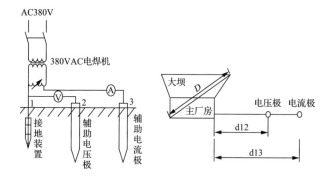

图 4-12　试验接线及电极布置

1—接地体；2—电压极；3—电流极

（2）电流极距接地体的距离 $d13$ 按照规范的要求应不小于 $4\sim5D$。电压极距接地体的距离 $d12$ 应为 $d13$ 的 0.618 倍。

（3）电压极、电流极的要求

电压极和电流极一般采用一根或多根直径为 $25\sim50mm$，长 $0.7\sim3m$ 的钢管或圆钢垂直打入地中，端头露出地面 $150\sim200mm$，以便连接引线。

3. 电源的选择

试验电源采用一台 380V 交流电焊机。

4. 现场测量方法

按照图 5-12 接好试验接线，采用电极直线布置时，电流线和电压线尽可能分开，不要缠绕交错。由于测试线很长，在现场移动导线时，不得抛甩测试线。

合上电源开关前，要用电压表检查测量回路是否有外来电压存在，若电压表指针摆动，则应设法消除外界电压对测量结果的影响。

合上电源开关，慢慢调节电焊机达到额定的电流（应不低于 $10\sim20A$）。

待电压表与电流表的指针稳定地指示在所要求的数值上时,迅速地读取两表的指示值。

重复测量 3~4 次,取其平均值作为测量的结果并记录。

测试电源倒相,再进行 3~4 次测量并记录。

电压极沿接地体与电流极的连线移动 2 次,每次移动距离为 $d13$ 的 5% 左右,移动完毕后进行测量,并记录数据,测量的结果应接近。

5. 测量结果计算

测得的电流、电压值需按照下列公式进行计算:

$$I = \sqrt{\frac{I_Z^2 + I_f^2}{2} - I_O^2} \qquad (4\text{-}1)$$

$$U = \sqrt{\frac{U_Z^2 + U_f^2}{2} - U_O^2} \qquad (4\text{-}2)$$

$$R = \frac{U}{I} \qquad (4\text{-}3)$$

式中:U ——换算后的电压值,V;

$\quad\ I$ ——换算后的电流值,A;

$\quad\ R$ ——实际接地电阻值,Ω;

I_Z、U_Z ——电源正向加压使得实测电流值、电压值,A、V;

I_f、U_f ——电源反向加压使得实测电流值、电压值,A、V;

I_O、U_O ——实测干扰电流值、电压值。

6. 消除零序电流、干扰电压的措施

加大测量电流的数值,以减小外界干扰对测量结果的影响;采用倒相法,按计算公式,可消除零序电流干扰的影响。

第八节 通信设备安装

一、施工工艺流程(图 4-13)

二、设备安装

1. 通信设备机柜安装

(1) 依据机房平面布置图核对安装位置、安装方向,定

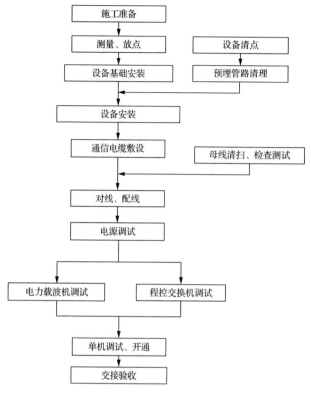

图 4-13 通信系统安装工艺流程

位、划线。对于建好的沟槽,应结合实际情况,适当进行调整,保证施工、维护的方便及整体的美观。

(2)对较大机柜安装,先拆掉侧板、前后门。

(3)对有防静电地板的机房,机柜不允许直接安装在活动地板上,必须安装在增加的基础上,基础通过膨胀螺栓固定在地面上。

(4)对无防静电地板的机房,可将机柜用 4 只膨胀螺栓直接固定在地面上;当设备需固定在预埋槽钢基础时,应通过螺栓固定。

（5）设备高低不平时，应用金属垫片垫实调整。垫片不应超过三层，否则应更换厚垫片。

（6）细微调整机架位置时用橡皮锤敲击。

（7）机架水平偏差：相邻两盘顶部小于2mm，成列盘顶部小于5mm；盘面偏差：相邻两盘边小于1mm，成列盘面小于5mm；盘间间隙小于2mm；机架垂直度：小于1.5mm/m。设备安装位置应按施工图设计，其偏差不大于10mm。调整后及时紧固螺栓。

（8）恢复前后门、侧板的安装（注意恢复设备门原有的连接地线）。

（9）将地线汇流排与机房接地排用螺栓可靠连接，将固定好的机柜与地线汇流排用螺栓可靠连接。

（10）各类线缆规格型号应符合设计要求，外观完好，所有电缆剥开外皮处用热缩管保护，保证统一美观。

（11）待所有设备安装完成后，使用柔软干净的清洁布对机柜进行清洁。

2. 程控交换机安装

（1）确保电源开关在"OFF"位置。

（2）安装交换机到直流分配屏的直流电源电缆，根据交换机设备的用电容量选择合适的直流输出开关。

（3）安装交换机机柜内部的连线，要求走线整齐美观。

（4）安装交换机设备到音频配线架音频电缆。所有电缆剥开外皮处用热缩管保护，保证统一美观。布放电缆必须排列整齐，电缆转弯点均匀圆滑，电缆转弯的最小曲率半径应大于60mm。电缆成端与交换机连接，另一端接至配线架配线模块。

（5）安装话务台、维护终端、打印机等外围设备，进行相关布线，并与交换机连接。

（6）安装交流输出到各外围设备的电源线。

（7）安装交换机单元电路板，将电路板插放到相应的槽位里，设备的各种选择开关置于指定位置上。

（8）做好开关、设备以及线缆的标记，同一线缆的两端应有相同或相对应的标示牌。

3. 配线架安装

（1）总配线架底座位置应与成端电缆上线槽或上线孔洞相对应。跳线环位置应平直整齐。

（2）总配线架滑梯安装应牢固可靠、滑动平稳,滑梯轨道拼接平正,手闸灵敏。

（3）总配线架及各种配线架(含数字配线架、中间配线架等)各直列上下两端垂直误差应不大于 3mm,底座水平误差不大于 2mm/m。

（4）配线架接线板安装位置应符合施工图设计,各种标志完整齐全。

（5）配线架必须按施工图要求进行抗震加固。

（6）总配线架直列告警装置及总告警装置设备安装齐全。

4. 高频开关电源及蓄电池安装

（1）确定高频开关电源所有开关都在"OFF"位置,将电池熔丝拔下或将电池输入开关置在"OFF"的位置,将电源设备的正极(＋)端与地铜排相连。

（2）安装整流模块,注意三相尽量均分,未安装整流模块的空位置要安装面板。

（3）安装、搬运蓄电池时,避免电池端子与其他导体接触,避免撞击正负极柱,防止电池摔落。

（4）按照自下而上的顺序逐层逐列将蓄电池平稳、整齐地摆放在蓄电池架(或柜体内)。

（5）使用电池连接条、线逐一串、并连接蓄电池。连接前,对连接条或连接线的两端采取绝缘措施,以防连接条或连接线在蓄电池层间、蓄电池与开关电源间穿引时触碰设备,引起短路;电池每列外侧应在一直线上,其偏差不大于3mm。电池应保持垂直与水平,电池间隔偏差不大于 5mm。

（6）拧紧极柱上的螺丝。

（7）安装完毕后及时检查螺丝松紧程度及电池连接线是否正确。

（8）在电池极柱上涂抹电力复合脂。

（9）用万用表测量蓄电池初始状态的单体电压，每只在2V以上。测量整组电压，电压在48V以上，确定电池连线无误。

（10）安装高频开关输入电源到厂用低压盘380V交流电源连接线。

（11）安装蓄电池组的正极（＋）与高频开关电源的正极（＋）、蓄电池组的负极（－）与高频开关电源负极（－）的直流电缆；引出线相色：正-红色，负-蓝色。

（12）缆线应排列整齐、顺直，无扭绞、交叉，绑扎间隔均匀，松紧适度。

（13）各类线缆规格型号应符合设计要求，外观完好，所有电缆剥开外皮处用热缩管保护，保证统一美观；

（14）测量交流进线电压，单相范围为187～242V，三相范围为323～418V。

（15）对开关及同一线缆的两端正确标记。

（16）用柔软干净的清洁布和清水擦试蓄电池盖、壳及面板。

三、现场布线

1. 电缆敷设

（1）敷设前，应先检查光缆（电缆）本身有无变形和损伤。

（2）在光缆（电缆）走向上找一最佳地点，将放线架放置稳定，把光缆（电缆）抬到放线架上，能轻松推动电缆轴且不出现偏向即可。

（3）找一安全开阔地点，将塑料管尽量拉直（要顺势放劲），将光缆穿入塑料管中。在塑料管接头处应采用直径略大的塑料管头连接，并用防水胶布缠好。

（4）将已加塑料管保护的光缆（电缆）敷设到电缆沟内，尽可能将光缆（电缆）与电力电缆、控制电缆等分层布放，并绑扎整齐牢固。在电缆沟转角处，弧度不能过小，敷设完毕后，将光缆（电缆）固定在电缆支架上。

（5）光缆（电缆）进入架构区采用直埋方式，要用镀锌钢管进行保护,防止外力损伤和破坏,要求沟深不低于40cm。

(6) 光缆(高频电缆)引到架构接头盒处或结合滤波器下端时,应穿引上钢管,并在管口处做好防水封堵。

(7) 光缆两端各预留12m,对有走线槽的机房,光缆应预留5~10m置于槽中。

(8) 连接高频电缆时,应注意将高频电缆两端的金属编织层分别与载波机和结合滤波器的接地回路端子相连接。

(9) 布放光缆(电缆)时,对光缆(电缆)做好标记,防止混乱。

(10) 在活动地板地板下布放的电缆,应注意顺直不凌乱,尽量避免交叉,并且不得堵住送风通道。

2. 光端机布线

(1) 光端机跳纤须穿软塑料管进行保护。塑料管两头要用塑料胶布包好,以防管头磨损光纤。

(2) 防止尾纤连接头防污帽意外脱落,尾纤连接后,防污帽应妥善保存。

(3) 做好开关、设备以及线缆的标记,同一线缆的两端应有相同或相对应的标示牌,尾纤的两端应避免以简单的"收"、"发"等易混淆的说明做标注。

(4) 各类线缆(包括电源线、接地线、通信线缆等)规格型号应符合设计要求,中间无接头。不同颜色的缆线区分直流电源极性(红色-正极、蓝色-负极),黄绿双色线为地线,接地良好。

(5) 电源线缆与信号线缆布放路由应尽可能远离,若有交叉,信号线缆应走在上面。线缆应排列整齐、顺直、无扭绞、交叉,拐角圆滑(弯曲半径大于20mm)。绑扎间隔均匀,松紧适度。跳纤不论在任何处转弯,都要保证最小弯曲半径大于38mm。

(6) 尾纤应单独固定,尽可能地不与其他线缆捆在一起并尽可能减小尾纤的捆扎次数;多余的跳纤应分别在两端机柜内明显处或专用的盘绕构件上盘放。

3. 总配线架布线

（1）通信电缆剖头位置应与最初分线组尽量接近，长度应考虑到操作余量，剥离前在缆头试用一下电缆剖刀，检查刀口深浅。

（2）剥开电缆后，在其根部套上热缩管并热缩。

（3）剥离出的芯线应在尾端绞绕几圈，防止松散，造成错对。

（4）对电缆中的任意一对进行对线，以检查电缆是否有损伤及错对。

（5）按色谱顺序分线，在包好的电缆上编好马尾，标记色包组防止混乱。

（6）梳状分线编扎电缆，分线间隔比照卡接模块间距进行编扎，要求线束顺直，分线均匀，均从后侧出线。编线时基线的色谱顺序为白、红、黑、黄、紫，再按照蓝、橙、绿、棕、灰的顺序编线。

（7）将已编好的线对用卡接刀依次连接到 VDF 上的模块上，要求基线在前，循环线在后。卡接刀用力适当，方向竖直，操作过程中防止错对、虚接、电缆过紧或过松等现象发生。

（8）上线完毕后，依照电缆色谱顺序进行检查，确认无误后进行对线。

四、现场试验

（1）设备通电前，认真检查各机柜外观、连线、板件插放位置，测量直流配电屏相应分路电源电压，确认一切正常后，方可通电测试。

（2）按照设备说明书提供的顺序，对硬件设备逐级加电。设备通电后，检查设备各种指示灯、告警灯等工作是否正常，如设备内有风扇，风扇装置应运转良好，各种外围终端设备工作正常。

（3）加电后，进行交换设备系统软件、应用软件装载、数据库编程、交换机硬件和软件数据配置。

（4）对交换机的交换功能（本局呼叫、出局呼叫、入局呼叫)进行测试。

（5）对交换机的维护管理功能（人—机命令、告警系统、故障诊断、数据的管理、冗余设备的人工/自动倒换）进行测试。

（6）对系统的信号方式（用户信号方式、局间信号方式、组网能力、网同步功能）进行测试。

（7）对话务台（调度台）进行测试。

第九节　工业电视设备安装

一、施工工艺流程（图 4-14）

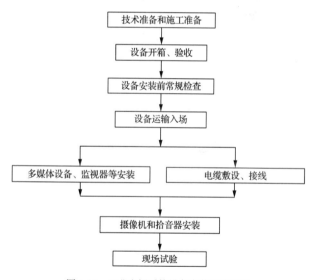

图 4-14　工业电视系统设备安装工艺流程

二、设备安装

在电缆桥架安装完毕后先敷设电缆后安装现地设备的方案，可以较快地安装，减少设备未投入前的放置在外。在调试前安装现地设备。

1. 安装工艺

(1) 管道预埋见相关要求。

(2) 设备基础安装。土建交面合格后,并在电缆桥架安装完毕,验收合格后,开始进行工业电视系统电缆的敷设,然后进行设备的安装。

(3) 设备安装前常规检查。为确保安装到施工现场的设备的完好性,设备安装前,和厂家调试人员进行性能测试。进行工业电视系统的常规检查。主要包括设备的外观检查、电气元件通电检查、装置的逻辑检查等。检查合格后报请监理人批准,设备开始安装。

(4) 设备运输:

1) 工业电视系统集中控制盘用吊车或其他方适在仓库装车,用 3t 载重汽安装间卸车后,由液压搬运车搬运至中控室及继电保护盘室安装就位;其他设备由人力搬运至相应位置安装就位。

2) 运输过程中将盘柜用软绳绑扎固定牢靠,防止倾倒,盘柜棱角部分或绑绳经过部分用橡胶板或软物质进行防护,并做好雨雪防护和防尘等措施,室内运输不损伤地面和盘柜。

3) 在安装设备前先进行各设备路线及设备安装点的检查和记录。现地管路检查和个别部位线槽的安装。

(5) 设备就位、安装:

1) 机柜、控制台安装。电缆地槽位置和工业电视系统集中控制盘、机柜、控制台位置相适应,机柜、控制台底座安装按设计图纸要求实施,一般采用地脚螺栓固定。控制台、机架的垂直度和水平度符合国标要求,具体要求安装连接螺栓固定。

2) 多媒体设备、监视器、矩阵切换器安装:

① 多媒体设备。将多媒体设备安放在各设备控制台或机架上,安装平稳、牢靠。

② 监视器。监视器按照设计要求安装,监视器屏幕朝向监视人员有效视角范围内。监视器安装牢固、可靠、安全,

便于测试、检修和更换。监视器机架安装牢靠,符合图纸及规范要求。

③ 矩阵切换器柜。矩阵切换器柜安装在单元控制室内,按照设计图纸将矩阵切换器柜安装在基础槽钢上,并调整好矩阵切换器柜的水平度与垂直度,按照国家规范与设计要求予以固定连接。矩阵切换器柜与基础槽钢采用地脚螺栓固定,固定要牢固。然后按设计要求连接盘柜接地线。矩阵切换器柜安装的允许偏差符合国家规范要求。

④ 摄像机附件:

a. 云台安装。云台安装牢固,位置便于测试、检修和更换,转动灵活,其周围不能有妨碍摄像机水平、垂直转动的障碍物。

b. 支、吊架安装。支、吊架采用膨胀螺栓固定在墙壁上。

⑤ 摄像机安装:

a. 摄像机安装前逐一加电进行检测和调整,使摄像机的各项功能,观察监视区域的覆盖范围和图像质量符合要求后再固定。

b. 按设计图纸的要求将摄象机牢固地固定在底座或支架上。

c. 从摄像机引出的电缆留有 1m 的余量,不影响摄像机的转动,摄像机的电缆及电源线固定牢固,其插头不承受外接电缆重量。

d. 拾音器安装。根据设计布置图,将拾音器安装在指定位置,其中心符合设计要求。拾音器固定要牢固,音频电缆接线接触紧密。

三、现场布线

1. 电缆敷设

电缆敷设和配线应符合《电气装置安装工程 电缆线路施工及验收规范》(GB 50168—2006);光缆安装技术要求应符合《电信网光纤数字传输系统工程施工及验收暂行技术规定》(YDJ 44—1989)。

(1) 对电缆通道清理干净,电缆管高度进行整理,管口除去毛刺；

（2）检查电缆型号、电压、规格与设计要求一致；

（3）敷设时用力均匀，强弱电电缆在桥架上分层整齐排列；

（4）电缆按设计和规范要求进行穿管保护；

（5）铠装电缆在进入盘、箱后，将钢带切断，切断处的端部扎紧并将钢带接地；

（6）电缆标牌和电缆的固定符合要求；

（7）电缆头制作按设计要求和产品说明书进行；

（8）将保护、控制电缆的屏蔽层按规范要求进行可靠接地；

（9）电缆敷设完后，进行防火处理，符合消防规范要求。

2. 二次配线

（1）配线时按图施工，接线正确，导线与电气元件的连接应牢固可靠；

（2）回路编号正确，字迹清晰且不易脱色；

（3）盘、柜内导线无接头，盘内设备间无"T"接，导线芯线无损伤，备用芯线长度留有余量；

（4）配线整齐、清晰、美观，导线绝缘良好；

（5）每个接线端子的每侧接线不得超过 2 根，对于插接式端子，不同截面的两根导线不得接在同一端子上，对于螺栓连接端子，当接两根导线时，中间应加平垫片；

（6）引入盘、柜的电缆排列整齐，编号清晰，避免交叉，固定牢固，所接端子排不受机械应力；

（7）强、弱电回路分别成束分开排列，禁止小端子配大截面导线；

（8）二次回路接地设专用螺栓，控制电缆的屏蔽层按设计要求的方式接地；

（9）配线施工完后进行盘、柜内孔洞封堵。在监理组织下对盘内厂家接线端子进行紧固检查。

四、现场试验

安装人员在安装前对摄像机逐一接电进行检测和调整，

使摄像机处于正常工作状态；检查云台的水平、垂直转动角度和定值控制是否正常，并根据设计要求整定云台转动的起点和方向；按要求将室外摄像机立杆牢固地固定在土建基础或建筑物侧墙上；按要求将摄像机、云台、解码器、辅助照明设备、设备箱等牢固地固定在支架或墙上；从摄像机引出的电缆应留有一定的余量，以利于摄像机的转动；设备柜和监视器柜应牢固地安装在中控室和各设备室基础槽钢上，外壳可靠接地。

（1）硬件检查

1）硬件组装和工厂试验记录及技术文件评审；

2）设备外观、工艺检查；

3）设备型号规格和硬件配置检查；

4）诊断软件可用性检查；

5）安全地检查；

6）信号地检查；

7）接地绝缘检查；

8）通电检查。

（2）调试前先进行电源检测、线路检查和接地电阻测量。

（3）单体调试。接通视频电缆对摄像机进行调试。合上工业电视工作站、监视器、摄像机等前端设备的电源，监视器上的图像清晰时，可遥控变焦，观察变焦过程中图像的清晰度。遥控电动云台带动摄像机旋转，摄像机图像清晰度应变化不大，云台运转平稳、无噪声，电动机不发热，速度均匀。

（4）单体调试完毕后做系统调试。开通每一摄像回路，调整监视方位，通过变焦、旋转云台，扫描监视范围。在调试过程中，每项试验应做好记录，及时处理安装时出现的问题，直到各项技术指标均达到设计要求。

（5）与其他系统的联动控制功能试验。

（6）网络功能试验。

（7）系统联调。

第五章

桥式起重机安装

第一节　设备布置及特点

一、设备布置

1. 机电安装对起重设备的要求

(1) 水电站主厂房起重机的额定起重量,要满足机组最重部件的吊装要求,一般在厂房内的最大吊装重量为发电机转子装配带轴加吊具的重量。

(2) 根据厂房内机组的数量和起吊工作量的大小确定安装起重机的台数。电站安装大型机组超过 4 台时,建议采用两台起重量相同的起重机,每台起重机的额定起重量为最大起重件、平衡梁、吊具重量之和的一半。

(3) 根据起吊大件的实际情况和综合经济比较,确定采用双小车起重机还是单小车起重机。

(4) 大型电站根据对不同重量和尺寸部件吊装的要求,起重机应设有两个或两个以上的吊钩,并具有不同的起重速度,或采用两种不同型式的起重机,以适应不同部件的安装要求。

(5) 桥机吊钩的起吊范围应能满足在厂房内的任何位置起吊组装部件的要求。

(6) 应保证设备吊运中离开固定设备及建筑物的距离,在垂直方向不小于 0.3m,在水平方向不小于 0.4m。

2. 不同的厂房型式对起重机的要求

(1) 单跨直厂房。常规的厂房型式,使用单台或多台桥式起重机,起重机一般为单层布置,在特大型电站厂房中也经常采用双层布置的方式。

（2）圆弧形厂房。起重机行走也必须按圆弧形行走，起重机大车两侧的行走轮直径不同，外侧大，内侧小，由厂房中心线弧径和跨度来确定。

（3）双排机组布置的双跨厂房。该厂房为平行、相互紧靠的两跨厂房，桥机要到另一跨厂房工作时需利用移跨台车移跨。

二、设备特点

取物装置悬挂在可沿桥架运行的起重小车或运行式葫芦上的起重机，称为"桥架型起重机"。

桥架两端通过运行装置直接支撑在高架轨道上的桥架型起重机，称为"桥式起重机"。

桥式起重机一般由装有大车运行机构的桥架、装有起升机构和小车运行机构的起重小车、电气设备、司机室等几个大部分组成。外形像一个两端支撑在平行的两条架空轨道上平移运行的单跨平板桥。起升机构用来垂直升降物品，起重小车用来带着载荷作横向运动；桥架和大车运行机构用来将起重小车和物品作纵向移动，以达到在跨度内和规定高度内组成三维空间里作搬运和装卸货物用。

桥式起重机是使用最广泛、拥有量最大的一种轨道运行式起重机，其额定起重量从几吨到几百吨。最基本的形式是通用吊钩桥式起重机，其他形式的桥式起重机基本上都是在通用吊钩桥式的基础上派生发展出来的。

三、桥式起重机分类

通用桥式起重机是指在一般环境中工作的普通用途的桥式起重机［见《通用桥式起重机》（GB/T 14405—2011）］。以下类型的起重机都属于通用桥式起重机。

（1）通用吊钩桥式起重机。通用吊钩桥式起重机由金属结构、大车运行机构、小车运行机构、起升机构、电器及控制系统及司机室组成。取物装置为吊钩。额定起重量为 10T

以下的多为1个起升机构;16T以上的则多为主、副两个起升机构。这类起重机能大多种作业环境中装卸和搬运物料及设备。

（2）抓斗桥式起重机。抓斗桥式起重机的装置为抓斗，以钢丝绳分别联系抓斗起升、起升机构、开闭机构。主要用于散货、废旧钢铁、木材等的装卸、吊运作业。这种起重机除了起升闭合机构以外，其结构部件等与通用吊钩桥式起重机相同。

（3）电磁桥式起重机。电磁桥式起重机的基本构造与吊钩桥式起重机相同，不同的是吊钩上挂1个直流起重电磁铁（又称为电磁吸盘），用来吊运具有导磁性的黑色金属及其制品。通常是经过设在桥架走台上电动发电机组或装在司机室内的可控硅直流箱将交流电源变为直流电源，然后再通过设在小车架上的专用电缆卷筒，将直流电源用挠性电缆送到起重电磁铁上。

（4）两用桥式起重机。两用桥式起重机有3种类型:抓斗吊钩桥式起重机、电磁吊钩桥式起重机、抓斗电磁桥式起重机。其特点是在1台小车上设有两套各处独立的起升机构，一套为抓斗用，一套为吊钩用（或一套为电磁吸盘用一套为吊钩用，或一套为抓斗用一套为电磁吸盘用）。

（5）三用桥式起重机。三用桥式起重机是一种多用的起重机。其基本构造与电磁桥式起重机相同。根据需要可以用吊钩吊运重物，也可以在吊钩上挂1个马达抓斗装卸物料，还可以把抓斗卸下来再挂上电磁盘吊运黑色金属，故称为三用桥式（可换）起重机。这种起重机适用于经常变换取物装置的物料场所。

（6）双小车桥式起重机。这种起重机与吊钩桥式起重机基本相同，只是在桥架上装有2台起重量相同的小车。这种机型用于吊运与装卸长形物件。

第二节　桥式起重机安装

一、安装准备

起重设备的安装在厂房封顶前、后进行。

（1）根据设备和现场的具体情况安排好施工组织措施，特别是编制好安装起吊时的技术和安全措施。

（2）拼装场地。起重设备的桥架（主梁和端梁）、小车及行走机构等，可在厂房安装间进行清扫、组合、拼装。安装间无法工作时，也可在厂房以外清扫、组合、拼装，然后再运进厂房吊装。

（3）工具和工具间。起重工具数量多而重，须在现场就近设置工具间。存放手动葫芦、千斤顶、钢丝绳、滑轮组、卡扣等工具。工具间的面积可参考表5-1。

表 5-1　　　　　起重设备安装工具间面积参考表

电站装机容量/kW	<100	100～500	100～500	100	>4000
起重工具间面积/m²	30	50	60	70	80

（4）准备临时起吊设施。临时起吊设施包括卷扬机、倒向滑轮、地锚、桅杆、厂房顶吊耳或临时起吊构架等，视桥架吊装施工方法选定。临时起吊设施应进行强度计算，按最大起重量（一般为组装后的小车重量）校核，安全系数大于4～6。

二、安装程序（图 5-1）

三、主要起吊方案

起重机部件吊装前应了解起重机各主要部件的吊装重量和尺寸。

几种典型的桥机部件起吊方法见表5-2。

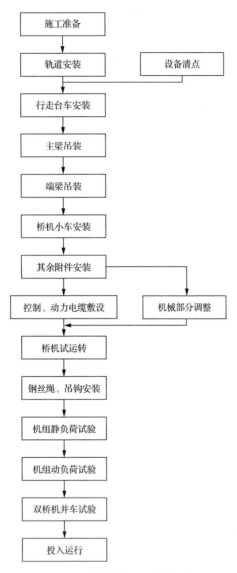

图 5-1 厂房桥式起重机安装程序

表 5-2 厂房桥式起重机吊装方法及其比较

吊装方法	优 点	缺 点
利用现场固定的大型施工机械吊装	可在厂房盖顶前吊装,方便、可靠,有条件时应尽可能采用这两种方法	
移动式大型起重机吊装		
桅杆吊装法	可在厂房盖顶前吊装,桅杆制造简便	桅杆树立困难,主架起吊后旋转难度大
吊环吊装法	简便、可靠、牵引方便	只能在地下、坝内厂房及重型屋面厂房使用,滑轮与吊环连接较困难
厂房屋架吊装法	适用于有屋架的轻型屋面厂房,滑轮组安装方便	限于较轻的部件吊装,当起重量较大时,需要对屋架进行加固

1. 大车桥架吊装

(1) 清理行走台车各组合面,与主梁进行组装,组装时应对行走轮垂直度及大车跨度进行检查。

(2) 检查并安装电动葫芦,安装完成后对电动葫芦各项数据进行检查,各项数据合格后方可进行主梁吊装工作。

(3) 根据桥机大梁的结构和重心位置,合理布置吊装点,进行主梁吊装工作,主梁吊装时应严格按照测量布置控制点就位。

(4) 依次吊装上、下游端梁,并与主梁进行组合,组合完成后使用型钢进行临时支撑,再吊第二根大梁与之组合。

(5) 桥架组装完成后,对桥架进行大车跨度、桥架对角线偏差、车轮倾斜值和小车轨道跨度、高差等数据进行检查,各项数据检查合格方可进行小车的吊装工作。

2. 小车吊装

(1) 主厂房桥机小车使用汽车吊进行吊装,如小车重量超过汽车吊额定起重量,则可拆下部分部件如卷筒、电机等。

（2）在小车起升至超过桥架小车轨道顶部后，手动旋转小车，使小车各行走轮与轨道对正，再缓慢就位，小车就位后，主要检查小车车轮与轨道的接触情况，应符合设计和规范要求。

四、起重机负荷试验

水电站厂房起重机技术鉴定的类别、试验方法及标准和验收制度等的详细内容参见《水利水电工程启闭机制造、安装及验收规范》(SL 381—2007)。

起重机在安装完毕后、投入使用之前，需要依次进行空载试验、静负荷试验、动负荷试验。静负荷试验重量为起重机额定负荷的125%，试验按50%、75%、100%、125%额定负荷分级进行；动负荷试验重量为起重机额定负荷的110%，也应按50%、75%、100%和110%的额定负荷分级进行。每一种试验只能在前一种试验合格的基础上进行。

试验时应对起重机主梁挠度、桥架永久变形、大车轨道下沉值、电动机运转电流、电气控制设备、制动器工作、各部传动机构运转等情况进行检测。必要时，为检查主梁受力状态，可测取主梁跨度中心在静负荷试验时的应力值。

随着水电站机组的尺寸和重量日益增大，大吨位的起重机相继出现。负荷试验时，要筹备大重量的试件十分困难。部分电站仅要求制造厂对起重机结构刚度和强度提出保证，以一组钢丝绳（两根或四根，要视卷筒数目而定）吊起试块对起重机起升机构进行静、动负荷试验，以简化筹集试块工作。

机组起重设备试验一般在厂房安装间进行。单小车桥式起重机静负荷试验时，小车应位于主梁的跨度中部；双小车桥式起重机静负荷试验时，两台小车吊钩的距离要与平衡梁吊装机组最重部件的吊耳跨距尺寸一致。

为了测得起重机桥架的真实挠度，应尽可能使起重机停留在厂房牛腿支柱上，以免受行车梁下挠度的影响。当设计需要对起重机增加试验内容时，应按设计要求进行，并达到所规定的标准。

第三节　桥式起重机使用与维护

由于桥式起重机的部件较多,针对各个部件的不同技术特性,我们在实际工作中将维护、检查的周期分为周、月、年。

1. 每周检查与维护

每周维护与检查一次,检查与维护的内容如下:

(1)检查桥式起重机制动器上的螺母、开口销、定位板是否齐全、松动,杠杆与弹簧无裂纹,制动轮上的销钉螺栓及缓冲垫圈是否松动、齐全;制动器是否制动可靠。制动器打开时制动瓦块的开度应小于1.0mm且与制动轮的两边距离间隙相等,各轴销不得有卡死现象。

(2)检查桥式起重机安全保护开关和限位开关是否定位准确、工作灵活可靠,特别是上升限位是否可靠。

(3)检查桥式起重机卷筒和滑轮上的钢丝绳缠绕是否正常,有无脱槽、串槽、打结、扭曲等现象,钢丝绳压板螺栓是否紧固,是否有双螺母防松装置。

(4)检查桥式起重机起升机构的联轴器密封盖上的紧固螺钉是否松动、短缺。

(5)检查各机构的传动是否正常,有无异常响声。

(6)检查所有润滑部位的润滑状况是否良好。

(7)检查起重机轨道上是否有阻碍桥机运行的异物。

2. 每月检查与维护

每月维护与检查一次,检查与维护的内容除了包括每周的内容外还有:

(1)检查起重机制动器瓦块衬垫的磨损量不应超过2mm,衬垫与制动轮的接触面积不得小于70%;检查各销轴安装固定的状况及磨损和润滑状况,各销轴的磨损量不应超过原直径的5%,小轴和心轴的磨损量不应大于原直径的5%及椭圆度小于0.5mm。

(2)检查钢丝绳的磨损情况,是否有断丝等现象,检查钢丝绳的润滑状况。

（3）检查吊钩是否有裂纹，其危险截面的磨损是否超过原厚度的 5%；吊钩螺母的防松装置是否完整，吊钩组上的各个零件是否完整可靠。吊钩应转动灵活，无卡阻现象。

（4）检查起重机所有的螺栓是否有松动与短缺现象。

（5）检查电动机、减速器等底座的螺栓紧固情况，并逐个紧固。

（6）检查桥式起重机减速器的润滑状况，其油位应在规定的范围内，对渗油部位应采取措施防渗漏。

（7）对齿轮进行润滑。

（8）检查平衡滑轮处钢丝绳的磨损情况，对滑轮及滑轮轴进行润滑。

（9）检查滑轮状况，看其是否灵活，有无破损、裂纹，特别注意定滑轮轴的磨损情况。

（10）检查制动轮，其工作表面凹凸不平度不应超过 1.5mm，制动轮不应有裂纹，其径向圆跳动应小于 0.3mm。

（11）检查连轴器，其上键和键槽不应损坏、松动；两联轴器之间的传动轴轴向串动量应在 2～7mm。

（12）检查大小车的运行状况，不应产生啃轨、三个支点、启动和停止时扭摆等现象。检查车轮的轮缘和踏面的磨损情况，轮缘厚度磨损情况不应超过原厚度的 50%，车轮踏面磨损情况不应超过车轮原直径的 3%。

（13）检查大车轨道情况，看其螺栓是否松动、短缺，压板是否固定在轨道上，轨道有无裂纹和断裂；两根轨道接头处的间隙是否为 1～2mm（夏季）或 3～5mm（冬季），接头上下、左右错位是否超过 1mm。

（14）对起重机进行全面清扫，清除其上污垢。

第六章

电 气 高 压 试 验

一、高低压电机试验

1. 电压 1000V 以下且容量在 100kW 以下的电动机,按照下列试验进行:

(1) 测量绕组的绝缘电阻。使用 1000V 兆欧表,常温下,绝缘电阻大于 0.5MΩ;

(2) 测量可变电阻器、起动电阻器、灭磁电阻器的绝缘电阻(如果配置),进行其阻值的测量,其差值不超过 10%);

(3) 检查定子绕组极性及其连接的正确性;

(4) 电动机空载转动检查和空载电流测量。

2. 电压 1000V 以上的电动机按照下列试验进行:

(1) 测量绕组的绝缘电阻和吸收比。根据电压等级采用兆欧表,额定电压为 1000V 及以上,折算至运行温度时的绝缘电阻值,定子绕组不应低于 1MΩ/kV;吸收比不应低于 1.2。

(2) 测量绕组的直流电阻。1000V 以上或容量 100kW 以上的电动机各相绕组直流电阻值相互差别不应超过其最小值的 2%,中性点未引出的电动机可测量线间直流电阻,其相互差别不应超过其最小值的 1%。

(3) 定子绕组直流耐压试验和泄漏电流测量。中性点连线未引出的不进行此项试验。中性点引出的,试验电压为定子绕组额定电压的 3 倍,在规定的试验电压下,各相泄漏电流的差值不应大于最小值的 100%,当最大泄漏电流在 20μA 以下时,各相间应无明显差别。

(4) 定子绕组的交流耐压试验电压见表 6-1。

(5) 绕线式电动机转子绕组的交流耐压试验。

表 6-1　　　　　　　耐压试验电压

额定电压/kV	3	6	10
试验电压/kV	5	10	16

（6）测量可变电阻器、起动电阻器、灭磁电阻器的绝缘电阻。

（7）测量可变电阻器、起动电阻器、灭磁电阻器的直流电阻。

（8）测量电动机轴承的绝缘电阻。

（9）检查定子绕组极性及其连接的正确性。

（10）电动机空载转动检查和空载电流测量。

二、发电机定子试验

1. 测量定子铁芯穿心螺杆的绝缘电阻

采用兆欧表的电压等级，符合厂家技术说明书的要求。

2. 定子铁芯磁化试验

（1）试验目的。在制造、运输及安装过程中，由于热力和机械力的作用，可能引起片间绝缘损坏，造成短路，在短路区域形成局部过热，威胁机组的安全运行。进行定子铁芯的磁化试验，计算铁芯单位重量的损耗，测量铁轭和齿的温度，检查各部位温升是否超过了规定值，从而综合判断硅钢片叠装是否良好。

（2）试验接线。见图 6-1。

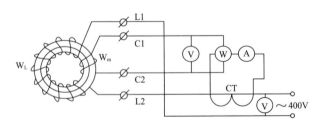

图 6-1　定子铁损试验接线图

W_L—励磁绕组；W_m—测量绕组

（3）试验步骤：

1）试验前保证机械部分已经通过验收，所有铁芯螺栓均已在特定的力矩下紧固。检查定子内、通风沟内、上下端箍处不应有铁磁物质遗留，吹掉定子铁芯通风沟内、定子机座及定子铁芯顶部的灰尘，除去定子机座附近地面上的所有杂物和金属颗粒，定子机座与基础固定牢固，并用 $50mm^2$ 的导线将定子外壳可靠接地。

2）按原理图接线，缠绕励磁线圈和测量线圈后，接入各种测量表计。

3）将定子铁芯均匀划分为 n 个断面，分别在每一个断面的上压指部、下压指部、槽部、齿部放置酒精温度计。

4）操作人员、记录人员、观察人员各就其位，试验人员记录各温度计所在的位置及原始温度。

5）第一次合励磁电源开关，根据测量表计的读数计算磁通密度的实测值，如果达到要求（1T）则正式进入试验状态，否则应停电采取相应的措施处理（提高励磁电源电压或减少励磁线圈匝数）以满足磁通密度的要求。

6）接通励磁电源，读取各测量表计，复核实际磁感应强度是否在 1T 左右，若偏差太大则应考虑改变励磁线圈匝数或对试验时间进行校正；接通励磁电源 10min 后用手枪式红外测温仪测量或用手摸定子铁芯各部温度，选出较冷处，放置适当数量的酒精温度计；再过 10min 后，找出较热处，在此装上酒精温度计，然后再用手枪式红外测温仪检查各处发热情况，如发现还有其他过热点，也应放置酒精温度计。

7）完成以上准备工作后，进行持续 90min 的试验，若进行试验时间修正，则按修正后的时间进行。每 10min 同时读取一次各温度计及仪表的指示值。

8）试验完毕后，断开励磁电源开关，在励磁电源操作把手上挂"禁止合闸，有人工作"标识牌。

9）试验结束后，检查定子机座与定位筋及各焊缝应无裂纹，螺杆应无松动。

3. 定子绕组试验

(1) 定子绕组直流电阻测量。

(2) 定子绕组绝缘电阻试验。尽量选择短路电流大于 5mA 的绝缘电阻测试仪。根据机端电压选择绝缘电阻测试仪的试验电压。

(3) 定子绕组直流耐压和直流泄漏试验。

(4) 定子绕组交流耐压试验。

三、发电机转子试验

(1) 测量转子的绝缘电阻。一般不小于 $0.5M\Omega$。转子额定励磁电压大于 200V 以上，采用 2500V 兆欧表；当转子额定励磁电压小于 200V，采用 1000V 兆欧表。

(2) 测量转子的直流电阻。

(3) 转子绕组的交流耐压试验。整体到货的转子，试验电压为额定励磁电压的 8 倍，且不低于 1200V；现场组装的转子，额定励磁电压小于等于 500V 时，为十倍励磁电压，但是不小于 1500V；额定励磁电压大于 500V 时，为 2 倍的额定励磁电压＋4000V。

四、油浸式电抗器及变压器、干式变压器试验

1. 油浸式电抗器

(1) 测量绕组连同套管的直流电阻；

(2) 测量绕组连同套管的绝缘电阻、吸收比或极化指数；

(3) 绕组连同套管的交流耐压试验；

(4) 测量与铁芯绝缘的各紧固件的绝缘电阻；

(5) 绝缘油的试验；

(6) 额定电压下冲击合闸试验。

对 35kV 及以上电抗器应增加下列试验项目：

(1) 测量绕组连同套管的介质损耗角正切值 $\tan\delta$；

(2) 测量绕组连同套管的直流泄漏电流试验；

(3) 绝缘油的试验；

(4) 非纯瓷套管的试验；

(5) 测量噪声；

(6) 测量箱壳的振动；

（7）测量箱壳表面的温度。

2. 油浸式变压器

容量为 1600kVA 及以下油浸式电力变压器的试验项目如下：

（1）绝缘油试验或 SF_6 气体试验；

（2）测量绕组连同套管的直流电阻；

（3）检查所有分接头的电压比；

（4）检查变压器的三相接线组别和单相变压器引出线的极性；

（5）测量与铁芯绝缘的各紧固件（连接片可拆开者）及铁芯（有外引接地线的）绝缘电阻；

（6）有载调压切换装置的检查和试验；

（7）测量绕组连同套管的绝缘电阻、吸收比或极化指数；

（8）绕组连同套管的交流耐压试验；

（9）额定电压下的冲击合闸试验；

（10）检查相位。

110kV 及以上等级的电力变压器还应增加以下试验项目：

（1）测量绕组连同套管的介质损耗角正切值 $\tan\delta$；

（2）测量绕组连同套管的直流泄漏电流试验；

（3）变压器绕组变形试验；

（4）绕组连同套管的长时感应电压试验带局部放电试验。

3. 干式变压器

（1）测量绕组连同套管的直流电阻；

（2）检查所有分接头的电压比；

（3）检查变压器的三相接线组别和单相变压器引出线的极性；

（4）测量与铁芯绝缘的各紧固件（连接片可拆开者）及铁芯（有外引接地线的）绝缘电阻；

（5）有载调压切换装置的检查和试验；

（6）测量绕组连同套管的绝缘电阻、吸收比或极化指数；

（7）绕组连同套管的交流耐压试验；

（8）额定电压下的冲击合闸试验；

（9）检查相位。

五、母线试验

（1）测量母线的绝缘电阻。35kV 以下的支柱绝缘子，测量值不低于 500MΩ。

（2）交流耐压试验。13.8kV、15.75 kV、18kV 按照插值法计算后进行试验。母线交流耐压试验参数见表 6-2。

表 6-2　　　　　　　　　**母线交流耐压试验参数表**

电压等级/kV	支柱绝缘子（试验电压等级）	
	纯瓷	固体有机绝缘
10	42	38
15	57	50
20	68	59

六、高低压开关柜试验

1. 高压开关柜试验

（1）测量绝缘电阻；

（2）测量每相导电回路的电阻；

（3）交流耐压试验；

（4）测量断路器主触头的分、合闸时间，测量分、合闸的同期性，测量合闸时触头的弹跳时间；

（5）测量分、合闸线圈及合闸接触器线圈的绝缘电阻和直流电阻；

（6）断路器操动机构的试验。

2. 低压开关柜

通电后，进行现地远方分合闸试验。

七、PT、CT 试验

1. PT 试验

（1）测量绕组的绝缘电阻。

（2）测量 35kV 及以上电压等级油浸式电压互感器的介质损耗角正切值 tanδ。

（3）交流耐压试验。主要进行三倍频交流耐压试验，试验电压为出厂试验电压的80%。

（4）绝缘介质性能试验。厂家注油现场到货后，对绝缘有怀疑时进行绝缘介质的检测。

（5）测量一次和二次绕组的直流电阻。

（6）检查接线组别和极性。

（7）误差测量。主要测量角度误差和变比误差。

（8）测量电磁式电压互感器的励磁特性。

（9）电容式电压互感器（CVT）的检测。主要测量介质损耗和变比。

（10）密封性能检查。

（11）测量铁芯夹紧螺栓的绝缘电阻。

2. CT试验

（1）测量绕组的绝缘电阻。

（2）测量35kV及以上电压等级油浸式电流互感器的介质损耗角正切值 $\tan\delta$。

（3）交流耐压试验。

（4）绝缘介质性能试验。厂家注油现场到货后，对绝缘有怀疑时进行绝缘的检测。

（5）测量二次绕组的直流电阻。

（6）检查接线极性。

（7）误差测量。主要测量角度误差和变比误差。

（8）测量电流互感器的励磁特性曲线。

（9）密封性能检查。

（10）测量铁芯夹紧螺栓的绝缘电阻。

八、绝缘子试验

（1）测量绝缘电阻。330kV及以下电压等级的悬式绝缘子的绝缘电阻值不应低于300MΩ；500kV电压等级的悬式绝缘子不应低于500MΩ；35kV及以下电压等级的支柱绝缘子的绝缘电阻值不应低于500MΩ；采用2500V兆欧表测量绝缘子绝缘电阻值，可按同批产品数量的10%抽查。

（2）交流耐压试验。35kV以下电压等级的绝缘子，试验电压与母线试验电压相同;悬式绝缘子的交流耐压试验电压均取 60kV。35kV 多元件支柱绝缘子的交流耐压试验值,两个胶合元件者,每元件 50kV,三个胶合元件者,每元件 34kV。

九、避雷器试验

(1)测量金属氧化物避雷器及基座绝缘电阻。

(2)测量金属氧化物避雷器直流参考电压和 0.75 倍直流参考电压下的泄漏电流。

(3)投运后,检查放电记数器动作情况及监视电流表指示。

十、隔离开关

(1)测量绝缘电阻;

(2)测量负荷开关导电回路的电阻;

(3)交流耐压试验;

(4)检查操动机构线圈的最低动作电压;

(5)操动机构的试验。

十一、SF₆断路器试验

(1)测量绝缘电阻;

(2)测量每相导电回路的电阻;

(3)交流耐压试验;

(4)断路器均压电容器的试验;

(5)测量断路器的分、合闸时间;

(6)测量断路器主、辅触头分、合闸的同期性及配合时间;

(7)测量断路器分、合闸线圈绝缘电阻及直流电阻;

(8)断路器操动机构的试验;

(9)测量断路器内 SF₆ 气体的含水量(没有专用测量接口的,可不进行测量);

(10)密封性试验;

(11)气体密度继电器、压力表和压力动作阀的检查(整体到货的,不便于拆卸校验的,可不进行)。

十二、电容器试验

（1）测量绝缘电阻；

（2）测量耦合电容器、断路器电容器的介质损耗角正切值 tanδ 及电容值；

（3）并联电容器交流耐压试验；

（4）冲击合闸试验。

十三、电力电缆试验

（1）测量绝缘电阻；

（2）直流耐压试验及泄漏电流测量。10kV、18kV 高压电缆可以采用直流耐压和直流泄漏试验；

（3）交流耐压试验。35kV 及以上必须进行交流耐压试验，采用变频串联谐振；

（4）测量金属屏蔽层电阻和导体电阻比；

（5）检查电缆线路两端的相位。

十四、电容补偿器

（1）测量电容补偿器内电容器，按照相关规定进行；

（2）进行电容补偿器的手动/自动投退。

第七章

水轮发电机组启动试运行

一、启动试运行应具备的条件

1. 土建部分

（1）大坝土建施工完成，验收合格。大坝监测系统投入运行，工作正常。

（2）进水口进水门、检修门、拦污栅已经安装调试完成，验收合格。

（3）坝顶门机安装完成，调试完成，验收合格。

（4）坝顶泄洪门已经安装完成，调试合格。已经通过验收，具备投运条件。

（5）尾水门机、尾水闸门、拦污栅安装调试完成。尾水已经清理干净。

（6）引水隧洞混凝土衬砌、灌浆施工完成，隧洞内缺陷处理及内表面化学防渗涂层施工完成并通过验收，具备过水条件。

（7）大坝渗漏排水系统调试完成，具备投运条件，已投入自动运行状态。

2. 电气一次部分

（1）开关站及出线场设备安装完成。试验合格。

（2）主变压器安装完成。试验合格。主变本体绕组温度、油面温度、瓦斯继电器、压力释放装置、主变冷却系统等调试合格，具备投运条件。

（3）厂用电系统安装完成，试验合格。具备投运条件。

（4）外引电源安装完成，试验合格。已经投入使用。

（5）厂用400V系统安装调试完成，已经投入使用。

（6）测试全厂接地电阻值，满足设计的要求。

3. 电气二次部分

（1）机组 LCU 安装完成，开入开出正确。机组启停机流程、机械事故停机流程、电气事故停机流程、紧急停机流程已经模拟完成，顺序控制正确。

（2）机组保护、主变保护、母线保护、线路保护已经调试完成，出口传动正确。

（3）机组调速系统试验完成。正常开机和停机流程正确。事故停机和紧急停机流程正确。

（4）励磁系统小电流试验完成，开入开出正确，具备投运条件。

（5）保护信息子站、故障录波、电度计量系统、安稳装置已经调试完成。

（6）调度通信系统安装调试完成，已经投入使用。

（7）开关站 LCU 调试完成。能够远方控制开关站断路器、隔离开关，监视开关站各个断路器、隔离开关和接地开关的状态，具备事故记录、事故分析、打印的功能。

4. 公用部分

（1）低压气系统、中压气系统调试完成，已投入自动运行状态。

（2）机组检修排水系统、厂内渗漏排水系统调试完成，验收合格。已经投入使用，且处于自动运行状态。

（3）UPS 调试完成，已经投入使用。

（4）直流系统调试完成。

（5）照明系统安装完成。事故照明和工作照明逻辑切换正确。

（6）厂内消防系统安装完成，消防部门验收合格。

（7）透平油系统已经投入使用。

（8）公用 LCU 调试完成。

5. 机组部分

（1）水轮机安装完成，验收合格。

（2）水导轴承安装完成，验收合格。已经注油。油温、油位、瓦温等温度传感器调整完成，机组 LCU 显示正确。

（3）发电机安装完成，验收合格。

（4）发电机导轴承、推力轴承安装完成。已经注油。油温、油位、瓦温等温度传感器调整完成，机组 LCU 显示正确。

（5）机组振动、摆度传感器安装完成，调试合格。机组在线监测装置已经具备使用条件。

（6）机组消防安装完成，调试完成，具备使用条件。

（7）机组附属设备安装完成，具备使用条件。

二、充水试验

1. 尾水系统充水

（1）机组机械制动投入。机组检修密封投入。

（2）尾水门处于关闭状态。

（3）顶盖自流排水畅通。顶盖排水泵投入自动。

（4）尾水门小开度，或者利用尾水门充水阀进行充水。

（5）观察尾水水位的变化。检查水轮机顶盖的漏水情况。观察尾水测量表计、传感器的指示变化。有无渗漏情况。

（6）观察尾水排水廊道、蜗壳进人门、尾水进人门有无渗漏情况。

2. 进水流道压力钢管充水

（1）水库已经蓄水至最低发电水位。

（2）进水口检修门已经全开。

（3）开启进水门至充水开度。密切观察蜗壳前水压力的变化。

（4）观察测量表计、压力传感器水压力的变化。

（5）观察顶盖水位的变化情况。自流排水是否畅通。

（6）充水结束后，进行进水门静水启闭试验。

（7）蜗壳前有主进水阀的，之后进行蜗壳充水。

（8）蜗壳充水结束后，进行主进水阀静水启闭试验。

三、手自动开机试验

1. 手动开机试验

（1）开机前的准备：

1）确认发电机灭磁开关在分位，信号指示正确。

2）确认发电机出口断路器在分位,信号指示正确。确认发电机出口接地开关已经分开,分位指示正确。

3）确认机组PT已经投入工作位置。二次空气开关已经合上。

4）确认水力机械保护回路已经投入。

5）机组测温制动盘柜已经调试完成,上导及推力、下导和水导瓦温显示正确。上导、下导、水导油槽温度显示正确。

6）调速器控制柜齿头测速装置接线正确。PT测速接线正确。

7）开启辅助设备,各信号指示正确。

（2）机组滑动试验:

1）调速器控制柜电手动操作,缓慢开启导叶,在机组缓慢加速时关闭导叶,仔细监听机组转动部件和静止部件有无摩擦和碰撞情况。

2）如有异常,迅速关闭导叶、投入机组制动、在调速器控制柜专人监护之后开始检查。

（3）机组瓦温考验试验:

1）如无异常,机组继续开机,按照25%、50%、75%、100%额定转速分阶段缓慢升速。

2）在机组转速达到50%额定转速时,暂停升速,观察水车室、发电机室无异常。

3）继续升速至100%额定转速。

4）机组启动和升速过程中,发现以下现象立即停机检查:

① 机组启动过程中:金属碰撞或磨擦、水车室窜水、推力瓦及轴瓦温度突然升高、油槽甩油、机组摆度过大、技术供水突然中断等不正常现象。

② 机组升速过程中:推力瓦及轴承温度有急剧升高及下降现象。

5）机组空转运行中的记录、确认、测量、监视、观察:

① 记录。达到额定转速后,半小时内,应每隔5min记录一次推力轴瓦及导轴瓦的温度,以后每10min记录一次,1h

后，每 30min 记录一次。机组各部位振动、机组运行摆度（双幅值），其值应小于轴承间隙或符合机组合同的有关规定。在空转时，记录导叶空载开度。记录蜗壳进水口压力和尾水水压力。技术供水系统水的流量和水压。轴承温度稳定后，记录水导、下导、上导及推力油槽油位模拟量，与机组开机前相比较。

② 确认。调速器控制柜 AB 套齿盘测速探头采样、PT 残压采样显示正确，机组转速信号装置齿盘测速探头采样、PT 残压采样显示正确，PMU 装置键相测速正确，机组在线监测装置键相测速正确，机组显示空转态。

③ 测量。机组主回路机组残压，波形完好，相序、幅值三相平衡且正确。机组 PT 二次侧残压幅值应正确。机组开口三角形零序电压幅值正确。

④ 监视。调速器油压装置和压力油罐的运行情况、触摸比例阀和数字阀活塞震动应正常。观察机械过速装置无异常振动。

⑤ 观察。轴承油槽油面的变化，油位应处于正常位置。机组 LCU 无油槽油位高或者油位低报警。观察机组转速继电器各接点的动作情况。

（4）正常后，进行机组自动开机试验。

2. 自动开机试验

（1）开机前的准备，已经确认。

（2）调速器控制方式选择自动。

（3）机组 LCU 发出开机令。

（4）机组自动开机，导叶开启，机组显示空状态。

四、发电机升流试验

1. 升流试验的准备

（1）根据实际情况，确定他励电源；

（2）测量定子绕组和转子绕组的绝缘（在发电机升流试验过程中进行短路干燥）；

（3）确认机组 LCU 和水机 PLC 保护回路包括轴瓦温度过高、机械过速、事故低油压、电气过速；

（4）断开分机组断路器出口连片、分灭磁开关出口连片、电气事故停机出口连片；

（5）取下励磁系统并网和调速器电气柜并网信号线；

（6）根据发电机主母线的实际情况,安装短路点。

2. 试验步骤

（1）短路点位置在发电机和断路器之间,选择手动开机。机组维持在空载开度进行升流试验。

（2）短路点位置在断路器和主变低压侧之间,自动开机至额定转速,机组各部位运行正常。调速器控制方式切换为手动,合上发电机出口断路器进行升流试验,维持空载开度。

（3）利用机组残流,初步判断发电机中性点、机组出口电流回路无开路。

（4）手动合灭磁开关,缓缓加励磁,在机组 10% 额定电流下,检查 CT 无开路。机组保护自产负序电流和零序电流显示正常。

（5）升流至机组 25% 额定电流,检查发电机保护、励磁系统、机组故障录波、PMU 的 CT 二次侧无开路。

（6）在机组额定电流下,测量发电机保护、励磁系统、故障录波、PMU 的二次侧幅值、相位和极性。

五、带主变及高压配电装置升流试验

（1）在出线场,选择合适的电缆,短接 ABC 三相设置短路点。

（2）断开主变保护分主变高压侧断路器出口连片、分机组出口断路器连片；断开母线保护分主变高压侧断路器出口连片、分线路断路器出口连片；断开线路保护分线路断路器出口连片。

（3）断开主变保护启动失灵和解除负压闭锁出口连片；断开线路保护启动失灵和解除负压闭锁出口连片。

（4）自动开机至额定转速,机组各部位运行正常。调速器控制方式切换为手动,合上发电机出口断路器进行升流试验,维持空载开度。

（5）手动控制励磁升流至 25% 发电机额定电流,检查各电流回路的幅值和表计指示。检查主变保护装置、母线保护、线路保护、故障录波、开关站 LCU、PMU、电能计量装置的电流幅值、相位、相序和极性,并用事先准备好的记录表格进行记录。

(6) 观察主变差动保护、母线差动保护的差流值。保护无告警。

(7) 检查主变绕组温度计 CT 回路无开路;检查主变高压套管内测量 CT 和备用 CT 无开路。

六、发电机升压试验

1. 试验应具备的条件

(1) 投入发电机组保护分机组断路器出口连片、分灭磁开关连片、电气事故停机连片。

(2) 发电机断路器在断开位置。

(3) 自动开机至空载后机组各部运行应正常。测量发电机升流试验后的残压值,并检查三相电压的对称性。确认机组开口三角形零序电压正确。

2. 试验步骤

(1) 自动开机至空转后机组各部位运行正常。

(2) 手动升压前,测量机组升流试验后机组的残压。记录主回路一次电压值,并检查三相电压的对称性。利用残压检查 PT 二次侧和开口三角形零序电压的正确性。

(3) 手动升压至 5% 额定机端电压,检查:机组 PT 二次侧回路无短路,幅值是否正确;机组 PT 开口三角形零序电压是否正确;发电机母线带电是否正常。

(4) 继续升压至发电机额定电压值,检查带电范围内一次设备的工作情况。

七、带主变及高压配电装置升压试验

1. 试验应具备的条件

(1) 拆除出线场三相短路点。

(2) 恢复主变保护分高压侧断路器出口连片、分机组断路器出口连片。恢复启动失灵和解除负压闭锁连片。

(3) 恢复母线保护分线路断路器出口连片、分主变断路

器出口连片。恢复失灵联跳出口连片。

(4) 恢复线路保护分线路断路器 ABC 出口连片。恢复线路保护 ABC 启动失灵连片。

2. 升压断路器、隔离和接地开关位置确认

3. 试验步骤

(1) 自动开机至额定转速。

(2) 合上发电机出口断路器。利用机组的残压检查线路 PT 和 GIS 母线 PT 二次侧的幅值。应无异常。

(3) 手动递升加压,在机组电压 5% 额定电压下,再确认线路 PT 和 GIS 母线 PT 二次侧的幅值。应无异常。

(4) 在 30% 额定电压下,检查主变低压侧 PT、主变高压侧 PT、母线 PT、线路 PT 二次侧电压幅值、相位与相序。

(5) 升压至 75% 额定电压时,运行 15min。全面检查机组封闭母线、主变、GIS、出线设备的工作情况。

八、系统倒送电试验

1. 具备的条件

(1) 出线场和开关站 GIS 零起升压试验结束;

(2) 线路侧快速接地开关在分位,线路断路器在分位,线路断路器两侧隔离和接地开关在分位。

2. 线路受电

(1) 核实线路 PT 二次侧的幅值、相位和相序;

(2) 检查线路避雷器的工作情况。

3. GIS 母线受电

(1) 合上线路断路器两侧隔离开关、合上线路断路器;

(2) 合上母线 PT 隔离开关,核实 GIS 母线 PT 二次侧的幅值、相位和相序。检查母线避雷器的工作情况;

(3) 核实线路 PT 和母线 PT 二次侧同相位。

九、主变冲击试验

(1) 合上主变高压侧隔离开关;

(2) 利用主变高压侧断路器进行第一次冲击试验;

(3) 主变带电无异常;

(4) 观察主变非电量的动作情况,观察主变保护的动作

情况；

(5) 投入主变低压侧隔离开关,投入 10kV 母线 PT；

(6) 核实 10kV 母线 PT 二次侧的幅值和相序。核实主变高低压侧的相位；

(7) 每次间隔 10min,进行 5 次冲击。

十、甩负荷试验

1. 甩负荷试验

(1) 甩负荷试验在额定负荷的 25％、50％、75％、100％下分别进行。同时录制过渡过程中的各种参数变化曲线,记录各部瓦温的变化情况。

(2) 机组甩 25％额定负荷时,记录导叶不动时间,该时间不大于 0.2s。

(3) 机组甩额定有功负荷时,发电机电压超调量不应大于额定电压的 15％,振荡次数不超过 3 次,调节时间不大于 5s。

(4) 甩 100％额定负荷后,记录转速上升率、蜗壳进口压力、尾水管进口真空度,满足水轮机调节保证计算的要求。

(5) 机组甩负荷后调速器的动态品质应满足下列要求：

1) 甩 100％额定负荷后,在转速变化过程中超过稳态转速 3％以上的波峰不应超过 2 次。

2) 甩 100％额定负荷后,从导叶第一次向关闭方向移动起到机组转速波动值不超过±0.5％为止所经历的时间应不大于 40s。

2. 全面检查

(1) 进入检查前,发电机机械制动投入、断开机组出口断路器、断开机组出口隔离开关、合上发电机出口接地开关；

(2) 各部位螺栓、螺母、销钉、锁片是否松动或脱落；

(3) 检查固定和转动部分的焊缝是否有开裂现象；

(4) 检查发电机挡风板、挡风圈等是否有松动或断裂。

十一、72h 试运行

(1) 如果由于电站运行水头不足或者电力系统条件限制等原因,使机组不能达到额定出力时,可根据当时的具体条件确定机组应带的最大负荷,在此负荷下进行连续 72h 试运行。

(2) 在 72h 连续试运行中,由于机组及相关机电设备的制造、安装质量或者其他原因引起运行中断,经检查处理合格后应重新开始 72h 的连续试运行,中断前后的运行时间不得累加计算。

(3) 72h 连续试运行后,应停机进行机电设备的全面检查。除需对机组、辅机设备、电气设备进行检查外,必要时还需将压力管道及引水系统内的水排空,检查机组过流部分及水工建筑物和排水系统工作后的情况。

(4) 消除并处理 72h 试运行中所发现的所有缺陷。

第八章

施 工 安 全 措 施

第一节　大件运输、吊装及施工安全

一、大件的定义

大件就是在重量、体积上占有优势的物品。在运具上，大件物品有严格要求，不是一般的运输车辆可以完成运输的，需要用到特殊的运输工具来完成。

大型水力发电设备中的转轮、上下机架、转子、定子、主轴、座环、导水机构、闸门启闭机以及主变压器、厂用变、联络变、电抗器及高压电气设备等均为超限或超重设备。

二、大件运输一般性措施

（1）运输前，承运单位的专业技术人员应了解构件特性、重量、重心、外形尺寸等，掌握运输路线中有关道路、桥梁、隧（涵）洞和河道基本情况。

（2）大件运输前，应制定"大件运输作业指导书"或"大件运输安全技术措施"，并通过监理工程师审核，再进行安全技术交底。

（3）从事大件运输人员应具备相应的操作资质，严禁无证操作。

（4）大件装车前，应以书面形式通知发包单位对道路、安全等方面的管理部门，应采取相应措施对途经道路及周边进行管制。

（5）运输过程中，应采取符合运输安全规定的防倾倒、防滚动、防滑动措施，包括用麻绳、钢丝绳、链条葫芦或拉紧器牢固捆绑，打木楔子，设计专用套座等；要保证构件不变形、不损坏。对易碎、易受潮及易损坏部件,要采取保护和防护措施,对薄壁和易变形运输件,要做好加固。

(6) 在运输大件过程中,应按照路况制定预案,成立应急小组,置备应急耗材,应急车辆应陪护运输全程,对危险路段采取措施,保障运输通畅及安全。

三、大件吊装前准备工作

1. 准备工作

(1) 起重工应系统检查与吊装有关的起重用具,使之满足使用要求。

(2) 检查各设备尺寸、位置符合设计图纸及规范要求。

(3) 检查各设备连接部位和安装部位的配合情况。

(4) 清除吊装通道和起重设备轨道上的障碍物。

(5) 吊装措施已经经监理、业主批准,施工单位按照吊装措施要求准备到位。

(6) 对在吊装过程中负责起重设备监护的人员进行培训,使其熟悉设备性能和异常情况下的应对措施和操作要领。

2. 起重设备检查

(1) 起重设备负荷试验前应对起重设备进行全面的检查。检查润滑应正常,制动应正常,起升机构及运行机构应正常。

(2) 由试验人员检查电气回路应正常,绝缘应良好。

(3) 起重设备(如厂内桥式起重机)轨道、大梁应清扫干净,大小车上的杂物应清扫干净。

(4) 各限位开关应按设计图纸进行安装,作业前应检查工作是否可靠。

(5) 用手动搬动各起升和运行机构,动作应灵活,没有阻卡或异常现象。

(6) 用手搬动起重设备变速机构手柄应灵活,定位固定牢靠。

四、吊装安全保障措施

水轮机安装过程中座环和转轮是所有水轮机设备中单

件重量较重、外形尺寸较大的设备,发电机安装过程中,定子、转子、下机架以及上机架是机组设备中单件重量较重、外形尺寸较大的设备,吊装工作难度较大。为确保座环的成功吊装,应成立吊装指挥组织机构,并制定如下安全措施:

(1)起重作业除有专人指挥外,应有专人监护;起重设备司机除专人操作外,至少配一人监护。

(2)起重设备制动系统在吊装全过程中均设专人监护。

(3)起重设备电源吊装前应认真检查维修,吊装时必须有专人监护,确保整个吊装过程供电可靠,必要时甩掉供电变压器上的其他负荷。

(4)全体工作人员应听从统一指挥,发现异常现象迅速报告,以便及时处理。

(5)加强现场保卫,确保吊装现场秩序,闲杂人员禁止进入机坑内部。

(6)大件吊装行走时,大件下部严禁任何人员走动。

(7)通知监理、业主联系电力供电系统,确保电力系统在吊装时的起重设备供电安全。

(8)应急组织机构处于随时响应状态,各种应急设施设备及人员处于待命状态,确保事故发生时即时运行。

五、一般性安全控制措施

(1)施工人员应按照相关规定穿戴工作服,并穿戴好劳保用具;

(2)特种作业人员必须持证上岗,非特种作业人员不得从事特种岗位作业;

(3)施工人员应严格遵守安全操作规程,并服从安全管理人员的管理;

(4)当所施工的场所存在运行区域时,应服从电站运行的相关规定,并严格地实行工作票制度;

(5)各施工班、队应配有兼职安全人员,专职安全人员应定期在现场巡视,发现违章违规作业的应当场制止并处理;

(6)施工设备和施工器具应定期检查和维护、保养,特种设备应按照质量监督单位要求进行定期检验并出具检验报

告,未做到以上要求的施工设备和器具应予以停用;

（7）作业前应做好安全技术交底工作,并按要求做好记录。

六、现场施工安全设施布置

（1）施工前,应保证施工现场无残留的临时堆放物、污水及杂物等,且具备施工条件;

（2）施工现场应设置安全警戒人员及标识,禁止非工作人员进入施工现场;

（3）施工现场应设置安全围栏、安全线、警示牌等;

（4）应避免交叉作业,如无法避免的情况下,应作有效可靠的隔离措施,必要时设置安全哨岗或停止施工;

（5）高处作业必须系好安全带,安全带固定位置应安全可靠;

（6）施工作业面应设置安全通道,施工作业人员必须行走安全通道,不得攀爬脚手架或翻越设备;

（7）瓷质设备安装施工的作业排架或作业平台应采用木质材料,使用前必须经安全部门确认;

（8）脚手架的搭设应按照相关管理规定进行验收,验收合格后方可以挂牌使用。

第二节　水轮机设备吊装安全

一、水轮机简述

水轮机的本体由转轮、座环、蜗壳、顶盖、导叶和主轴等组成。除此以外,根据型号的不同,还配有附属装置和部件。吊装重点部件有转轮和顶盖。

二、座环吊装

1. 吊装前应具备条件

（1）座环组装施工已完成或座环整体到货,经全面检查各项质量合格。

（2）座环吊装前尾水锥管安装调整完毕,且已浇筑并达到设计的强度,座环支墩基础板预埋完成且等强。

（3）基础环、尾水锥管凑合节已吊装就位。

2. 座环基础设备就位

（1）将垫板、螺母、地脚螺栓和圆螺母等基础附件按要求清理干净并进行试装配合格；将斜楔清理干净并研配合格；将座环千斤顶清理干净并试装配合格。

（2）将地脚螺栓穿入相应的二期方孔内，按图依次装上相应的垫板和螺母。在地脚螺栓下部放置一定厚度的木块将地脚螺栓临时顶起。

（3）将斜楔布置于相应的座环混凝土支墩垫板上。

（4）将自备千斤顶布置于座环基础板上，调整千斤顶面高程基本一致，千斤顶的顶面高程比最终的安装高程高5～10mm。

3. 座环吊装

根据电站实际情况，冲击式机组无座环此部件，而座环又分为整体到货或分瓣到货，分瓣到货座环应在工地按照要求进行组焊，若座环本体未设计起吊部件，应在组焊期间应根据座环重量、外形、吊装计划以确定吊点，制作并焊接起吊部件。座环本体设计的起吊部件和工地施工增加的起吊部件于座环本体的焊缝都应进行探伤检查，已确定满足吊装需要。

（1）座环试吊。将座环吊起，吊离支墩 100～300mm，作升降试验，检查起重设备制动情况，在必要时对起重设备制动装置进行调整。

（2）座环吊入机坑：

1）将座环提升到 1m 左右，检查座环下部有无遗留问题，对座环下部进行清理，并且调整座环水平，在确认一切正常后，在统一指挥下将座环提升到起吊高度，在专业人员监护下向机坑移动。

2）当起重设备行走至机坑时应初步找正，待稳定后徐徐下落。

3）座环即将进入安装位置时，应采用慢速下降，避免座环与其他部件碰撞。

（3）座环调整：

调整提前对称布置的 4~8 个千斤顶，将座环整体顶起，调整楔子板的顶面高程比实际需要高程低 3~5mm，调整座环千斤顶的顶面高程比实际需要高程低 3~5mm。

座环的高程、水平、中心及方位调整合格后，同时座环的同轴度检查合格后，将相应的楔子板打紧；将相应的座环千斤顶预紧。其后取出相应的调整用的千斤顶，按设计要求将相应的地脚螺栓预紧到设计值。

地脚螺栓把紧后，复查座环的中心、方位及座环中心线的高程、水平，复查座环的同轴度，应满足相应的要求。

三、转轮吊装

1. 吊装前应具备条件

（1）转轮施工已完成，经全面检查各项质量合格；

（2）转轮吊装前导水机构预装完毕；

（3）水导挡油环、密封滑环、密封环安装完成；

（4）补气延伸管安装完成。

2. 基础设备就位

将基础环的转轮安放面清理干净；将布置楔子板的部位打磨平整。

在基础环上对称放置数对的薄楔子板（根据相应尺寸），楔子板的水平应小于 0.5mm。楔子板的厚度应能满足转轮吊入机坑就位后其高程比实际安放高程低约 15mm，同时楔子板的搭接长度不小于楔子板长度的 2/3。

3. 转轮吊装

（1）转轮与大轴试吊。将转轮吊起，吊离支墩 100~300mm，作升降试验，检查起重设备制动情况，在必要时对起重设备制动装置进行调整。

（2）吊入机坑：

1）将转轮提升到 1m 左右，检查转轮下部有无遗留问题，对转轮下部进行清理。在确认一切正常后，在统一指挥下将转轮提升到起吊高度，在专业人员监护下向机坑移动。

2）当起重设备行走至机坑时应初步找正，待稳定后徐徐下落。

3）转轮即将进入安装位置时，应采用慢速下降，避免转轮与其他部件碰撞。

第三节　发电机设备吊装安全

一、发电机设备简介

水轮发电机主要由定子、转子、下机架、推力轴承、导轴承、冷却器、制动器等部件构成。主要需要吊装的设备有定子、转子、下机架。

二、定子吊装

1. 吊装条件

（1）定子组装施工已完成，经全面检查各项质量合格；

（2）定子吊装前定子基础安装调整完毕。

2. 基础设备就位

将定子基础板、基础螺栓、楔子板等清理干净，将其布置在定子基础位置，调整基础板高程略低于设计高程。

在定子基础圆周位置布置 6～12 台合适规格内的千斤顶。

3. 吊装流程

（1）安装定子吊具。安装定子吊装专用吊具，打紧起吊吊具和定子之间的连接螺栓。起重设备主钩和定子吊装中心体连接，所有连接销钉应安装到位并可靠锁锭。将中心体套入定子起吊专用工具，安装卡环或螺母。

（2）定子试吊：

1）将定子吊起，吊离支墩 100～300mm，作升降试验，检查起重设备制动情况，在必要时对起重设备制动装置进行调整。

2）试吊完成后起升到一定高度，检查主钩的起升机构。

（3）定子吊入机坑：

1）将定子提升到 1m 左右，检查定子下部有无遗留问题，对定子基座法兰进行清理。在确认一切正常后，在统一指挥下将定子提升到起吊高度,在专业人员监护下向机坑移动。

2) 当起重设备行走至机坑时应初步找正,待稳定后徐徐下落。

3) 定子即将进入安装位置时,应采用慢速下降,避免定子与其他部件碰撞。

4) 按照与基座连接螺栓位置就位。

(4) 定子吊具拆除。拆除吊具与定子的连接螺栓,将起重设备移动到安装间,然后拆除吊具并分解。

(5) 利用中心线,以底环为基准,调整定子中心、方位及高程,符合设计规范要求。紧固支座连接螺栓并钻定位销孔、安装定位销。

三、转子吊装

1. 吊装条件

(1) 转子组装施工已完成,经全面检查各项质量合格。

(2) 转子吊装前下机架安装调整完毕,发电机主轴及推力轴承、制动器等设备装配完成,二期混凝土回填并达到设计的强度;制动器管路、推力油管路等安装均已完成。

2. 吊装流程

(1) 安装转子吊具。安装转子吊装专用吊具,打紧起吊吊具和转子之间的连接螺栓。起重设备两个主钩和转子吊装平衡梁连接,所有连接销钉应安装到位并可靠锁锭。将平衡梁套入转子起吊轴,安装卡环或螺母。

(2) 转子试吊:

1) 缓慢起吊转子,转子脱开中心体支撑 10～20mm 高时,检查转子的平衡状态,检查起重设备起升机构抱闸制动情况,均正常后起吊转子至 100～200mm,起落 3 次;

2) 试吊完成后起升到一定高度,检查并车状态下两个主钩的起升机构以及两台起重设备行走的同步情况。

(3) 转子吊入机坑:

1) 转子吊装期间由专人监护起重设备抱闸工况和电气线路工况以及主梁下挠情况。

2）将转子提升到 1m 左右，检查转子下部有无遗留问题，清扫转子中心体下部法兰面，并用研磨平台检查法兰平面度；利用水准仪测量转子支架下挠值。在确认一切正常后，在统一指挥下将转子提升到起吊高度，在专业人员监护下向机坑移动。

3）当起重设备行走至机坑时应初步找正，待稳定后徐徐下落。

4）转子下降过程中，应密切注意由于两个大钩起升电机的不同步引起的转子倾斜情况，并及时进行调整，使转子在进入定子过程中，基本保持水平。

5）转子进入定子过程中，由专人将杉木条插入定、转子空气间隙内，上、下不停抽动板条，以防转子在吊装过程中与定子相碰。

6）转子下降距离风闸表面 10～20mm 处时，使用起重设备配合人力调整下端轴位置，利用提前安装的数个联轴螺栓定位，使转子制动板位置最终落在风闸上；监测下机架下挠度。

（4）转子吊具拆除。拆除吊具与转子的连接螺栓，将起重设备移动到安装间，然后拆除吊具并分解。

（5）转子联轴。穿好转子中心体和发电机主轴间的联轴螺栓，安装伸长测量工具，使用专用液压拉伸器对联轴螺栓分两遍对称预紧，检查法兰面间隙要满足规范要求，联轴螺栓拉伸值要满足设计和规范要求。转子轮辐轴垂直度调整通过测量轮辐轴上法兰面水平确定。

四、下机架吊装

1. 吊装条件

（1）下机架施工已完成，经全面检查各项质量合格；

（2）下机架安装面已清理干净；

（3）下机架安装所需工具准备齐全；

（4）水轮机大件设备已经倒运至水车室。

2. 吊装流程

（1）下机架试吊。将下机架吊起，吊离支墩 100～

300mm,作升降试验,检查起重设备制动情况,在必要时对起重设备制动装置进行调整。

（2）下机架吊装。在安装间缓慢起升下机架约300mm高,将下机架下法兰面清扫干净,检查法兰面应无毛刺、高点。微量调整下机架水平,缓慢下落下机架约100mm时停止,来回进行三次小范围起落,再次检查、确认起重设备抱闸是否安全可靠。确认无异常情况后起升下机架离开安装间。下机架下降进入机坑时,在下机架与定子间隙内圆周均匀分布插入15mm厚木板条,数量根据机坑尺寸确定,并派人手持木条上下移动。下机架整个下落过程中,木条均能上下自由移动。在下机架上下端部均安排专业起重人员监视并协调指挥;在起重设备上安排专业人员监护起重设备抱闸及电气回路的工作状况。当下机架下落距离法兰面约200mm时,再次使用长钢板尺将组合法兰面清扫干净,在下机架下端,使用导链拉动下机架旋转,调整下机架方位正确。下机架方位调整后,平稳落下至各支臂安装位置,检查各键位置正确。

五、上机架吊装

1. 吊装条件

（1）发电机盖板、励磁系统直流侧线缆、上机架定位销、基础螺栓、切向键等均已全部拆除;

（2）上导轴承油盆已拆卸并固定在上端轴上、集电环、上导瓦、上导轴承管路等已拆除;

（3）上机架靠近边墙挡风板已拆除,机架已清理干净,吊物表面无杂物;

（4）水轮机补气阀装配、上补气管已拆除;

（5）安装间上机架检修支墩已摆放到位。

2. 吊装流程

（1）上机架试吊。将上机架吊起,吊离基础100～300mm,作升降试验,检查起重设备制动情况,在必要时对起重设备制动装置进行调整。

（2）上机架吊装。在机坑缓慢将上机架起吊约300mm

高,滞空 5～10min。微量调整上机架水平,缓慢下落上机架约 100mm 时停止,来回进行三次小范围起落,再次检查、确认起重设备抱闸是否安全可靠。确认无异常情况后起升上机架离开 3♯机组。在上机架与安装间期间安排专业起重人员监视并协调指挥;在起重设备上安排专业人员监护起重设备抱闸及电气回路的工作状况。上机架吊离坑后,应立即对铜环引线、绝缘盒等采用塑料薄膜进行防护。上机架吊至安装间后,调整方位,由起重作业人员对上机架中心体底部采用方木进行垫置,方木码放应有序。在上机架中心体底部方木受力后,应采用 8 个支墩匀布于上机架支臂底部,待索具泄力后采用千斤顶对上机架进行支撑,保证上机架平稳。

第四节　主变压器运输、卸车及吊装安全

一、主变压器

根据主变压器特点,如浸渍绝缘干式变压器不宜设置于特别潮湿的场所、可燃油浸电力变压器应装设在单独的小间内、有载自动调压电力变压器有利于网络运行的经济性等,其吊装安全作业可分为户内吊装和户外吊装或有轨吊装运输等方式。

二、户内、外设备吊装安全措施

(1) 若室内吊装起重设备为桥式起重机,应由操作人员、电气人员、安全人员联合对设备的操作性能、电气控制、安全性能进行检查,确保设备安全运行可靠;

(2) 若室内吊装起重设备选用汽车吊或履带式吊车等,应先由技术、安全、操作等人员对吊装现场进行勘察,根据主变压器重量、体积等数据,再在现场根据吊装作业空间,吊车支车位置等进行确认;

(3) 指挥人员信号清晰,指挥明确,严禁多人指挥;

(4) 起重作业前应对索具、吊具进行检查,确保选用索具、吊具规格无误、性能可靠,并正确选择捆绑方式,严禁采用兜局方式吊装;

（5）设备吊点应与设备中心一致，吊物下严禁施工人员作业、停留，起吊前应作试吊，且起吊速度应严格控制；

（6）吊具与设备棱角等处应加装衬垫物；

（7）设备在吊装过程中应设置安全人员对吊装过程进行全程安全监护，安排电气人员对起重设备进行安全监护，避免发生异常；

（8）设备吊装过程中如发生异常应及时报告给现场指挥人员。

三、轨道运输安全措施

部分电站在设计主变压器安装就位时会存在有轨运输的环节，故在主变压器安装过程中应注意有轨运输的安装事项。

（1）有轨运输使用机械牵引的情况，对车辆应保证：

1）牵引机械必须制动良好；

2）牵引机械与主变压器之间连接必须采用刚性连接，且需有足够的强度和刚度，严禁柔性连接；

3）非特种作业人员禁止对牵引机械进行操作；

4）主变压器运输速度应严格限制。

（2）运输前应保证：

1）运输方案已编写并报批，技术交底工作已完成；

2）检查牵引机械制动系统必须良好；

3）检查轨道应平直无扭曲，表面光滑无凸点，运输行程间无障碍物；

4）运输轨道两侧堆放物与轨道距离和其高度应满足运输需要；

5）牵引机械、索具、导向等固定点应牢固可靠，存在预埋锚杆的使用预埋锚杆，无预埋锚杆情况下，应考虑力矩、夹角等保证制作锚杆的安全系数。

（3）运输过程中应保证：

1）指挥信号应清晰，明确，严禁多人指挥现象；

2）运输区域应设置安全警示，无关人员禁止进入；

3）对牵引机械应采取专人监护，防止机械临时性故障；

4）在弯道时，应采取多点牵引，防止发生侧翻事故；

5）运输作业阶段应设置安全人员对整体过程进行安全监护。

（4）如使用人工牵引运输，应统一口号，尽量保证人工出力一致，防止发生侧翻。

第五节　辅机设备吊装安全

一、辅助设备简述

水电站辅助机械包含绝缘油系统设备、供气系统设备、技术供水系统设备、公共系统供排水设备、通风系统设备等，需进行吊装作业的设备有储油（气）罐、深井泵（潜水泵、排污泵等）、水处理设备、空气净化设备（送排风机等）等。

因辅机设备多为安装于单独房间或相对较大但独立的房间内，无法使用厂内起重设备或汽车吊等设施（部分工程设计有对此类设备检修考虑的小型门式起重机等），在施工过程中多使用手拉葫芦、卷扬机等进行吊装、运输，所需设备多为施工方所有，在施工前一定要做好设备的检查工作，保证其能够顺利完成吊装任务。

二、专项性安全措施

（1）在无吊钩、锚杆等吊装支点的情况下，一般采用施工方新增支点或架设三脚架、龙门架等方式进行，采取此方法的过程中，一定要确定此类器具的安全性能和称重数据，技术部门需计算三脚架架设角度、钢丝绳最大夹角等数据，保证满足吊装需要；

（2）在借助三脚架吊装时，应在其支腿部位做好防滑、防倾倒措施，以防发生意外；

（3）龙门架等需要索具环绕的器具，在使用时，一定要在索具和边棱接触处加垫物，防止对索具造成损伤；

（4）设备吊装前，倒运至安装空间内时，若采用滚杠等方法，应安排制动和防侧翻等应急措施。

第六节　高压输电线路施工安全

一、高压输电线路简述

高压输电线路 4m 范围内存在强大的高频电场,当地面上的导体进入高频电场范围内,便产生高频放电,高压电流瞬间到达地面,并在地面形成高压接地电流散流场,俗称"跨步电压"。

二、安全距离控制

(1) 安全距离。根据《施工现场临时用电安全技术规范》(JGJ 46—2005),起重机在外电架空线路附近吊装时,起重机的任何部位或被吊物边缘在最大倾斜时与架空线路的最小安全距离应符合规定。

(2) 实测净空距离。根据现场施工高压输电线路与起吊车辆或设施实际距离得出实际垂直距离,另外应排除基础垫高、测量误差及其他等因素,得出现场净空距离;

(3) 安全净空距离控制。严格按照 JGJ 46—2005 规定,确保最小安全净空距离为 6.0m,垂直作业净空高度不得超过 9.0m。

三、施工安全控制措施

在高压输电线路下方进行吊装、架设等空中作业前,必须对高压线路与作业面之间净空距离进行测量,计算垂直作业净空高度,以此调配作业机械、物件的高度,并严格控制在高压输电线路一侧进行吊装、架设等空中作业前,必须通过测量认定桩位与高压输电外侧线路的相对距离,在确保6.0m 最小安全距离的前提下,确定进行作业、吊装物件的最大安全高度。

(1) 在高压电线下方,禁止使用吊车安装钢筋笼;可以用钻机、挖掘机、装载机等非高大机械进行,但应严格按照安全操作规程进行规范操作和安装。

(2) 在高压电线一侧,使用吊车安装钢筋笼时,吊车桅杆伸出的长度不得超过 H 值,并将临高压电线一侧的支腿全部伸展到位、垫实,确保整机稳定、作业可靠。

(3) 在高压电线一侧,使用钻机、挖掘机、装载机等非高大机械进行钢筋笼安装时,钢筋笼的长度不得超过 H 值。

(4) 在进行架线施工过程中,应做好电击预防措施。各种设备及作业人员需装设接地装置及相应劳保用具,其保安接地线应采用编织软铜线,使用专门夹具以保证连接可靠,且断面均应大于 16mm²,挂拆接地线时应有专门负责人员进行监督,保证操作人员均按有关规定使用绝缘棒或戴绝缘手套等绝缘器具进行挂拆。

四、施工安全管理措施

(1) 凡参加输电线路区域内的施工作业人员,都必须接受外电防护安全教育,并对全体人员进行书面安全技术交底,使全体人员充分认识到做好外电安全防护工作的重要性和必要性,自觉落实外电防护安全技术措施,确保工程施工安全。

(2) 凡进行钢筋笼安装等空中作业时,现场必须有安全管理人员进行安全监护,并向具体操作人员进行书面或口头安全技术交底,及时发现、制止、消除违章指挥、违规作业和违反安全纪律的现象存在。

(3) 对危及外电防护安全的作业行为、施工工艺,安全管理人员应立即责令现场停止作业,待安全措施落实到位后方可继续作业。

(4) 在高压电线附近继续空中施工作业时,现场管理人员、作业人员,应虚心接受供电部门的现场技术指导,积极配合供电部门的现场管理人员做好安全防护工作。

第九章

机电工程质量控制检查与验收

第一节　质量控制与检查

一、水轮机、水泵/水轮机安装的质量控制

施工单位在机电设备安装合同签订后,应依据《质量管理体系　要求》(GB/T 19001—2016)和本单位编制的质量管理体系文件,由项目部分管质量副经理负责组织有关部门编写《质量计划》,并经项目经理批准。各项目部应确保质量体系的有效运行和管理,严格过程控制,保证机电设备安装文明施工。严格执行合同和 GB/T 8564—2003,承包合同和其他有关标准、规程和规范的规定。

1. 焊接质量控制要点

在水轮机、水泵/水轮机安装施工中,埋设部件(包括尾水管里衬、座环、蜗壳、转轮室等)是焊接工作量最多的部件。根据有关规定,水轮机转轮、座环、蜗壳等焊接部件属机电设备安装过程控制中的特殊过程控制,应遵循以下焊接控制要点。

(1)从事焊接施工和从事焊接检验的人员必须具有相应有效的合格证书,持证上岗。

(2)焊接设备、机具及探伤检测设备必须经鉴定确认是合格产品,并有合格证。

(3)对焊接的全过程进行控制,在焊接过程中必须严格按照有关技术部门审批的焊接工艺评定试验规范施焊。

(4)需热处理(如预热、保温、后热等)的焊接部件,必须遵照热处理要求执行。

（5）用于焊接的焊条必须烘烤（300～400℃烘烤 2h），确保焊条干燥。

（6）在焊接过程中焊条必须置于保温筒内保温使用。

2. 设备安装质量控制要点

在水轮机,水泵/水轮机安装过程中,为保证质量,应做好以下过程控制：

（1）根据水轮机结构特点,编写安装技术措施,并报业主单位或监理工程师审批。

（2）做好设备安装前的技术交底工作,要求参与安装的全体人员充分了解设备结构、作用及安装方法。

（3）组织安装人员学习水轮机安装技术规范及设计图纸,熟悉各部件安装标准,树立标准为本、过程受控、质量第一的思想。

（4）在安装过程中如实地填写各部件安装记录,对重要工序应经监理验收后才允许转入下道工序。

（5）遇安装质量问题应及时向监理报告,并商讨解决方案。

二、水轮发电机、发电/电动机安装的质量控制要点

1. 质量控制依据

（1）GB/T 8564—2003 及相关的行业标准。

（2）制造厂提供的图纸、安装说明书及其他技术文件。

（3）国外进口机组厂商指定的国际有关标准。

（4）设计单位对本机组安装的要求。

（5）各种规范和标准未涉及但经制造厂、设计单位、施工单位共同商定,并经业主或上级主管部门批准的技术措施文件以上各种依据中以（1）（2）两项为主,国外进口机组考虑第（3）项要求。

2. 质量控制要点

不同机型的质量控制要点见表 9-1。

表 9-1　　　水轮发动机、发电/电动机安装质量控制表

控制要点	立式机组	卧式机组	灯泡式机组
机座合缝间隙			√
铁芯定位筋安装	√		
现场叠装的铁芯直径	√	√	√
铁芯圆度	√	√	√
铁芯高度	√	√	√
铁芯波浪度	√	√	√
铁芯紧度	√	√	√
线槽整形	√	√	√
磁化试验时的温升和温差	√	√	√
RTD 安装	√	√	√
线棒嵌装	√	√	√
线棒端部固定	√	√	√
槽楔装配	√	√	√
线棒电接头焊接	√	√	√
介质内冷却线棒接头安装	√		
线棒端部绝缘	√	√	√
汇流铜排安装	√	√	√
各带电部件的电气安全距离	√	√	√
介质内冷系统的密封试验和压力降试验	√		
线棒耐电压试验	√	√	√
线棒内冷却支路流量试验	√		
清洁与喷漆	√	√	√
主引线安装	√	√	√
中性点引线安装	√	√	√
定子水冷及蒸发冷却系统安装	√		
支架焊接或连结	√		
转子直径	√		

控制要点	立式机组	卧式机组	灯泡式机组
转子圆度	√	√	√
转子同心度	√	√	√
转子磁轭高度	√	√	√
转子磁轭紧度	√	√	√
转子磁轭波浪度	√	√	√
磁极挂装高度（或位置）	√	√	√
引线连接及绝缘	√	√	√
制动环周向波浪度及径向水平	√		
制动环接缝错牙	√		
各部位螺丝锁定	√	√	√
各类键安装或固定	√	√	√
清洁	√	√	√
机架的组合或焊接	√		
机架中心	√		
机架高程	√		
机架水平	√		
要求在工地研刮的轴瓦接触情况	√	√	√
轴承座中心	√	√	√
轴承座轴向水平		√	√
镜板水平度	√		
热套推力头的配合	√		
推力头与卡环轴向间隙	√		
轴线各部件连接及螺栓紧度	√	√	√
转子与水轮机轴中心同轴度	√	√	√
转子中心与水轮机轴中心倾斜		√	
定子、转子空气间隙	√	√	√
定子、转子磁力中心	√	√	√
机组各部位盘车摆度	√	√	√

控制要点	立式机组	卧式机组	灯泡式机组
推力瓦接触面积	√	√	√
推力瓦轴向间隙		√	
推力瓦正反向间隙			√
各承重部件间隙	√		
各承重部件接触面积	√		
导轴瓦与轴颈的间隙	√		
轴瓦与轴颈顶部、两侧和轴肩间隙		√	√
轴瓦与轴承座接触面		√	√
高压油顶起装置工作性能	√		
油冷却器、空气冷却器压力试验	√		
油槽密封性	√	√	√
转动与固定部分的间隙及安全距离	√	√	√
机壳及顶罩焊缝			√
机组内部清洁	√	√	√

注：表中打"√"者为质量控制点。

三、高压电气设备安装的质量控制要点

1. 质量控制依据

质量控制依据：《电气装置安装工程 高压电器施工及验收规范》(GB 50147—2010)、《电气装置安装工程 电力变压器、油浸电抗器、互感器施工及验收规范》(GB 50148—2010)、《电气装置安装工程 母线装置施工及验收规范》(GB 50149—2010)、《电气装置安装工程 电气设备交接试验标准》(GB 50150—2016)、《电气装置安装工程 电缆线路施工及验收规范》(GB 50168—2016)、《电气装置安装工程 接地装置施工及验收规范》(GB 50169—2016)等及设备制造厂家的技术文件。

2. 质量控制要点

高压电气设备安装质量控制要点见表 9-2。

表 9-2   质量控制要点

序号	质量控制点	质量控制内容	质量控制措施
1	断路器安装	① 基础中心距及高度误差； ② 各支柱中心线间距离误差； ③ 行程、超行程、相间及同相各断口间接触的同期性； ④ 分、合闸速度和时间； ⑤ 液压操作机构动作的可靠性	① 用水平仪测量基础中心的水平；控制基础间对角线长度使其一致； ② 使用高精度试验仪器； ③ 测量液压机构油泵打压时间并做好记录
2	隔离开关安装	① 相间距离误差、基础间的水平误差； ② 三相手动时触头接触的不同时性； ③ 导电部分的接触面； ④ 分闸时触头间的净距	① 用水平仪测量各基础的水平； ② 在保证同步的前提下再调整三相同期性； ③ 清除导电部分接触面氧化层，并涂以薄层电力复合脂
3	互感器和高频通道设备安装	① 基础水平度及相间基础间的水平误差； ② 油样的试验； ③ 电气试验结果符合规范要求	① 用水平仪测量各基础的水平度； ② 取油样应在规定的空气湿度下提取； ③ 使用精密的试验仪器
4	避雷器安装	① 安装牢固、垂直度、均压环水平符合要求； ② 放电记数器密封良好，绝缘垫及接地良好、牢固可靠	安装前单元件试验合格
5	母线安装	① 软母线及设备连线弛度符合设计值并三相一致； ② 管型母线焊接应达到规范要求	① 用绳索量跨距长度后再根据设计弛度计算下线长度； ② 采用氩弧焊焊接

序号	质量控制点	质量控制内容	质量控制措施
6	GIS 设备安装	① 设备支架焊接、安装牢固可靠； ② 设备支架接地良好； ③ 支架材料的镀锌层完好无损； ④ 吊点正确，吊绳应有安全系数储备；起吊平衡； ⑤ 设备或母线端面、导体接触面及触指清扫干净；O 型圈安装正确，密封胶涂刷均正确；连接螺栓力距达到设计要求；导电杆清扫干净，连接方向正确，导电脂涂刷均匀，密封前要检查内部不留任何部件、杂物尘埃在设备内； ⑥ 真空度必须达到要求，保持真空的时间要够，设备检漏合格； ⑦充气时压力不超过允许值，最后全面调整隔室气压，达到时间后检验	① 由专业焊工进行设备支架的焊接； ② 用切割机进行支架材料的下料； ③ 每个支架均设置明显接地点并与电站接地网可靠连接； ④ 由专业起重工操作； ⑤ 工程师检查，每个施工的人员要对自己的工作负责

四、变压器(电抗器)安装的质量控制

(1) 变压器(电抗器)装卸与运输。无严重冲击和振动、冲击允许值符合规定；无过度倾斜，以免内部器件产生位移；外壳无机械磨损、锈蚀、异常变形；充油套管的油位正常、套管无损伤；油箱箱盖或钟罩法兰及封板紧固良好、无渗漏；附件齐全、附件浸油运输的其油箱无渗漏；充氮运输时，途中气压应为 0.01～0.03MPa。

（2）绝缘油处理。储存在密封清洁的专用油罐或容器内；油试验及取样分析满足国标 GB 50150—2016 或制造厂的有关规定。绝缘油的最终处理应在施工的变压器近旁。

（3）变压器（电抗器）就位。纵向和横向水平不平度满足有关标准的要求；坐标高程偏差满足设计规定或厂家要求；与 GIS 或封闭母线连接时，其套管中心线与封闭母线或 GIS 中心线相符；装有滚轮的要将滚轮制动装置固定。

（4）器身检查。需要检查器身的变压器，器身露空时间符合有关要求、规定；内检过程中器身不能受潮；应提高器身温度或通入干燥空气。内检完毕后，油箱内不得有任何遗留物和污物。

（5）附件安装。套管升高座的安装方向正确，导气联管接口在最高处；套管与变压器本体密封良好，引线安装正确无扭转，引线接头连接可靠；压力释放装置安装方向正确；冷却器安装正确，密封良好，内部清洁；瓦斯继电器经过校验合格，安装方向正确；储油柜胶囊完好、密封良好；控制系统动作可靠、信号正确。

（6）注油。注入的油必须是合格绝缘油；真空注油中抽真空时要弄清那些与油箱连接的附件允许抽真空，同时油箱的变形要严密监视。

（7）热油循环。油温满足安装说明书和有关标准的要求；热油循环完毕后，油质满足安装说明书和有关国标的要求。根据厂方要求进行。

五、封闭母线安装的质量控制

1. 质量控制依据

（1）母线安装规程；

（2）设备制造厂的产品技术文件；

（3）设计施工图；

（4）承包的合同文件。

2. 质量控制要点（见表 9-3）

表 9-3　　　　　　　　　　　　　质量控制要点

序号	质量控制点	质量控制内容	质量控制措施
1	构架安装	① 固定钢抱箍的构架面高程偏差不超过±5mm； ② 构架中心偏差不超过±5mm	① 保证测量放点的准确； ② 用经纬仪确定构架中心线
2	母线调整	① 母线导体与外壳的同心度偏差不超过±5mm； ② 相间距偏差不超过±5mm； ③ 母线导体与外壳双抱瓦焊接，其纵向尺寸偏差不超过±15mm； ④ 母线伸缩节在现场焊接的一端，纵向尺寸偏差不超过±15mm	① 用临时三角支撑调母线同心度，至导体焊接完后才拆除； ② 母线就位完毕后先不急于焊接，要合理分配断口误差且误差均不超标后，再进行焊接； ③ 母线调整完毕后，用钢抱箍把母线抱紧，避免断口距离因母线滑动而变化
3	母线焊接	① 焊缝截面大于或等于被焊截面的1.25倍； ② 焊缝表面呈细致的鱼鳞状，焊缝宽度均匀一致； ③ 焊缝未焊透长度不得超过焊缝长度的10%，深度不超过被焊金属厚度的5%； ④ 焊缝不允许有裂纹、严重咬伤、弧坑、气孔、焊瘤等	① 用考试合格的氩弧焊工焊接； ② 焊前用钢丝刷及酒精清洗焊缝近旁的氧化物和脏物
4	试验	① 母线安装完毕后用2500V摇表测量，其绝缘电阻不小于100MΩ； ② 对整套母线进行工频耐压试验，应无击穿闪络等现象	① 充分清扫母线筒内部后再进行外壳抱瓦安装，并全面清扫； ② 外壳焊接完毕后，绝缘子表面用酒精进行清扫

六、控制、保护、测量设备的安装质量控制

1. 质量控制依据

设计图纸、厂家要求和相关国家标准。

2. 质量控制要点

严格按照设计图纸、制造厂技术文件及经批准的安装技术措施进行施工，并在厂家代表的指导下进行安装调试。

在安装过程中，每道工序由施工人员仔细自检、技术人员复检，严格按规范要求控制，且认真做好施工记录、质量检查记录、修改记录（如有的话），并随时接受检查。

调试、试验过程有监理及制造厂代表在场，试验完整理好试验记录和试验报告。

选取质量控制点，采取相应的控制措施。

质量控制点及控制措施见表9-4，各工序施工完成后，应有安装检查记录和试验记录、质量记录、验收签证。

表 9-4　　　　控制、保护、测量设备安装质量控制表

序号	主要质量控制点	质量要求	控制方法
1	基础安装	不直度小于 1/1000；全长小于 5mm 水平度小于 1/1000；全长小于 5mm 槽钢位置误差及不平行度小于 5mm 接地可靠	用经纬仪、水准仪选定基准点，结合水平尺测量控制、定位；按图纸设计尺寸施工
2	盘柜安装	垂直度小于 1.5mm；相邻两盘顶部水平偏差小于 2mm 成列盘顶部水平偏差小于 5mm；相邻两盘边盘面偏差小于 1mm 成列盘面偏差小于 5mm；盘间接缝小于 2mm	用经纬仪、水准仪选定基准点，结合水平尺、线锤测量控制、定位

序号	主要质量控制点	质量要求	控制方法
3	电缆敷设	电缆芯线及护套无机械损伤; 排列整齐,不宜交叉,标牌清晰齐全; 防火措施符合设计; 电力电缆终端的金属护层接地良好	熟悉电缆路径,预先确定电缆敷设顺序,人员组织妥当,拐弯处有专人把关,通信良好; 按图纸、规范、说明书要求施工
4	二次配线	导线连接正确、牢固可靠、留有余量、排列整齐、编号清晰; 强弱电回路分开,屏蔽线接地可靠; 每个接线端子每侧接线不得超过 2 根且压在一个接线盒内; 不同截面的两根导线不得接在同一端子上	熟悉接线图,避免错误
5	试验	按验收及试验大纲要求进行	在厂家代表指导下进行

七、火灾自动报警控制系统设备安装质量控制

1. 质量控制依据

(1)《电气装置安装工程 盘、柜及二次回路结线施工及验收规范》(GB 50171—2012);

(2)《火灾自动报警系统设计规范》(GB 50116—2013);

(3)《水电工程设计防火规范》(GB 50872—2014);

(4)制造厂相关标准要求。

2. 质量控制要点

火灾自动报警控制系统的特点是外围设备多且分布分散,关键是抓住各元件的质量及检查,认真做好每个被控单元的调试,这样才能保证整个系统的可靠运行。

八、通信设备安装质量控制要点

（1）埋件制作与安装必须符合质量要求；

（2）设备验收应做到到货设备与设计相符，并验收随机资料应齐全；

（3）设备的工地运输应安全，安装位置正确，接地可靠；

（4）电缆、电线、光缆敷设正确，接线正确；

（5）设备通电检查各项指标要满足设计要求，各表计指示正常。

九、照明系统安装质量控制

质量控制依据包括《建筑照明设计标准》（GB 50034—2013），明用建筑照明设计标准，城市道路照明设计标准，电气装置安装工程施工及验收规范的有关章节和建筑电气安装工程质量检测评定标准。

十、直流系统安装质量控制

1. 质量控制依据

充电设备、直流配电屏的安装应按二次盘柜安装的各种规范进行，蓄电池的安装及充放电应按厂家说明书进行。

2. 质量控制要点（见表 9-5）

表 9-5　　　　　　　　质量控制点及控制措施

序号	主要质量控制点	质量要求	控制记录
1	屏柜安装	安装位置正确，垂直度、水平度符合要求	施工记录
2	蓄电池安装	1. 基架牢固（防酸、防震）； 2. 瓶间、排间及走道间距符合设计要求，电瓶上应有编号	验收清单
3	导线连接	电池不应受到额外应力，连接坚固，接触面应涂电力复合脂	施工记录
4	充、放电	充、放电电流、充电时间、温度及空间的氢含量，放电时间及终止电压应严格遵守厂家规定	施工记录
5	维护	保持浮充电，并定期放电和充电	施工、试验记录

十一、电缆敷设及电缆头制作质量控制

1. 质量控制依据

(1) 与产品有关的规范、标准等；

(2) 设备制造厂的产品技术规定、使用说明书、图纸等；

(3) 安装设计施工图；

(4) 安装承包的合同文件。

2. 质量控制要点

(1) 电缆敷设的质量控制要点：

1) 电缆敷设前必须确信施工通道畅通，电缆支架均已安装完毕；

2) 施工前必须做施工组织设计，确定敷设方法、电缆盘架设位置、电缆牵引方向，校核牵引力及侧压力电缆导向措施，配备敷设人员和机具；

3) 敷设 110kV 及以上电缆时，转弯处的侧压力不应大于 3kN/m；

4) 机械敷设电缆时，牵引电缆的速度不宜大于 15m/min，110kV 及以上电缆或在较复杂路径上敷设时，牵引速度应适当放慢；

5) 用机械敷设电缆时的最大牵引强度宜符合表 9-6 的规定，充油电缆总拉力不应超过 27kN；

表 9-6　　　　　电缆敷设最大牵引强度表

牵引方式	牵引头		钢丝网套		
受力部位	铜芯	铅芯	铅套	铝套	塑料护套
允许牵引强度/kN	70	40	10	40	7

6) 黏性油浸纸绝缘电缆的最高点与最低点之间的最大位差不得超过有关规定；

7) 敷设电缆时，不得损坏电缆外表。电缆应从电缆盘的上端引出，不得使电缆在支架或地面上摩擦；

8) 电缆外表不得有铠装压扁、电缆绞拧、护层断裂等未消除的机械损伤；

9）电缆敷设完毕后,应在终端头和接头附近留有备用长度;

10）电缆敷设要排列整齐、美观,固定要牢靠,电缆固定卡应采用非磁性材料,内径应与电缆外径匹配,标示牌齐全。

（2）终端头制作的质量控制要点:

1）严格按照制作工艺规程进行终端头制作,充油电缆还应遵守油务及真空工艺的有关规定。

2）在室外制作 6kV 及以上电缆终端头时,其空气相对湿度宜在 70% 及以下。110kV 及以上高压电缆终端头施工时,应搭设临时工棚,严格控制环境湿度,保持温度在 10～30℃。严禁在雾或雨中施工。

3）制作电缆终端头,从剥切电缆开始应连续操作直至完成,缩短绝缘暴露时间。剥切电缆不得损伤线芯和保留的绝缘层。

4）电缆的金属护层必须良好接地,塑料电缆每相铜屏蔽和钢铠应锡焊接地线。

5）装配、组合电缆终端头时,各部件间的配合和搭接处必须采取堵漏、防潮和密封措施。

6）电缆终端上应设置明显的相色标志,且与系统的相位一致。

第二节 质量等级评定

一、水轮发电机组安装工程质量等级评定

水轮发电机组安装工程质量评定按国家规定划分为"合格"和"优良"两级。

1. 适用范围

（1）单机容量为 3MW 及以上;

（2）混流式、冲击式水轮机转轮名义直径为 1.0m 及以上;

（3）轴流式、斜流式、贯流式水轮机转轮名义直径为 1.4m 及以上。

按照《水利水电工程施工质量检验与评定规程》(SL 176—2007)项目划分规定,水轮发电机组安装一般作为 1 个分部工程)。

水轮发电机组安装工程有 43 个单元工程质量评定表,其中 22 个是主要单元工程,其余为一般单元工程。

安装单位在安装过程中应按现行有效规程规范和厂家及设计的要求,进行全面检查试验,做好记录,作为竣工验收资料的组成部分。

现将填写本部分评定表中的一些共同性问题说明如下:

(1) 分部工程名称、部位:填×号水轮发电机组安装。

(2) 单元工程名称:填施工单位终验日期。

(3) 检查日期:填施工单位终验日期。

(4) 检查项目数:除评定表背后有特别说明的单元工程以外,检查项目数均指项次数,其中有"△"的为主要检查项目,没有"△"的为一般检查项目。

(5) 检查项目"结论"栏填"优良"或"合格",标准如下:

合格:主要检查项目,实测点必须全部符合合格标准;一般检查项目,实测点符合或基本符合"合格"标准("基本符合",是指与"合格"标准虽有微小出入,但不影响使用)。

优良:无论是主要检查项目还是一般检查项目,实测点都必须全部符合优良标准。

(6) 表尾测量人指施工单位负责本单元测量、测试人员。由 1~2 名主要测试人员签名。

(7) 评定水轮发电机组安装分部工程质量等级时,由安装单位将该分部工程的水轮机、发电机和调速器的型号填写在分部工程质量评定表的备注栏内。

2. 评定单元工程名称

水轮发电机组安装工程单元工程质量等级评定名称见表 9-7。

表 9-7　　　　　　　单元工程施工质量验收评定名称

序号	评定名称
1	立式反击式水轮机吸出管里衬安装
2	立式反击式水轮机基础环、座环安装
3	立式反击式水轮机蜗壳安装
4	立式反击式水轮机机坑里衬及接力器基础安装
5	立式反击式水轮机转轮装配
6	立式反击式水轮机导水机构安装
7	立式反击式水轮机接力器安装
8	立式反击式水轮机转动部件安装
9	立式反击式水轮机水导轴承及主轴密封安装
10	立式反击式水轮机附件安装
11	灯泡贯流式水轮机尾水管安装
12	灯泡贯流式水轮机座环安装
13	灯泡贯流式水轮机导水机构安装
14	灯泡贯流式水轮机轴承安装
15	灯泡贯流式水轮机主轴及转轮安装
16	冲击式水轮机机壳安装
17	冲击式水轮机喷嘴及接力器安装
18	冲击式水轮机转轮安装
19	冲击式水轮控制机构安装
20	油压装置安装单元工程质量评定
21	调速器安装及调试单元工程质量评定
22	调速系统整体调试及模拟试验
23	立式水轮发电机上、下机架组装及安装
24	立式水轮发电机定子组装及安装
25	立式水轮发电机转子组装
26	立式水轮发电机制动器安装
27	立式水轮发电机转子安装
28	立式水轮发电机推力轴承及导轴承安装
29	立式水轮发电机组轴线调整

序号	评定名称
30	立式水轮发电机励磁机及永磁机安装
31	水轮机发电机电气部分检查和试验
32	卧式水轮发电机轴瓦及轴承安装
33	卧式水轮发电机转子及定子安装
34	灯泡式水轮发电机主要部件组装
35	灯泡式水轮发电机总体安装
36	蝶阀安装单元工程质量评定
37	球阀安装单元工程质量评定
38	伸缩节安装单元工程质量评定
39	附件及操作机构安装单元工程质量评定
40	机组管路安装单元工程质量评定
41	机组管路管件制作质量评定
42	机组管路管道安装质量评定
43	管道焊接质量评定
44	管道试验评定
45	机组充水试验单元工程质量评定
46	机组空载试验单元工程质量评定
47	机组并列及负荷试验单元工程质量评定

二、水力机械辅助设备安装工程质量等级评定

1. 适用范围

（1）总装机容量为 25MW 及以上；

（2）单机容量为 3MW 及以上。按照《水利水电工程施工质量检验与评定规程》(SL 176—2007)规定，水力机械辅助设备安装工程是作为发电厂房单位工程中的分部工程。在安装过程中，安装单位应按现行有效规程规范和厂家及设计要求，进行全面检查试验，并做好记录，含厂家提供的资料，作为竣工验收资料的组成部分。现将填写本部分评定表时一些共同性问题说明如下：

1）表中加"△"的项目为主要检查项目。

2）检查项目"结论"栏填"优良"或"合格"。标准如下：

合格：主要检查项目，实测点必须全部符合合格标准；一般检查项目，实测点符合或基本符合合格标准。

优良：无论是主要项目还是一般项目，实测点必须全部符合优良标准。

3）检验日期：填写施工单位终验日期。

4）检验结果栏的项目数指项次数。

5）表尾测量人指施工单位负责本单元测量、测试人员。由1～2名主要测试人员签名。

2. 评定单元工程名称

（1）空气压缩机安装单元工程质量评定；

（2）深井水泵安装单元工程质量评定；

（3）离心水泵安装单元工程质量评定；

（4）齿轮油泵安装单元工程质量评定；

（5）螺杆油泵安装单元工程质量评定；

（6）水力测量仪表安装单元工程质量评定；

（7）箱、罐及其他容器安装单元工程质量评定；

（8）轴流式通风机安装单元工程质量评定；

（9）离心式通风机安装单元工程质量评定；

（10）水利机械系统管路安装单元工程质量评定。

三、发电电气设备安装工程单元工程质量等级评定

1. 适用范围

本部分根据《水利水电工程单元工程施工质量验收评定标准　发电电气安装工程》(SL 638—2013)编制。本标准适用于大中型水电站发电电气设备安装工程中，下列电气设备安装工程单元工程质量验收评定：

额定电压为26kVA及以下电压等级的发电电气一次设备安装工程；

水电站通信系统安装工程；

小型水电站同类设备安装工程的质量验收评定可参照

执行。

评定表质量检验项目分为"主控项目"和"一般项目"两类。

2. 评定单元工程名称

发电电气设备安装工程单元工程质量等级评定名称见表 9-8。

表 9-8   **单元工程施工质量验收评定名称**

序号	工程名称	评定名称
1	六氟化硫（SF₆）断路器安装工程	六氟化硫（SF₆）断路器单元工程安装质量验收评定
2		六氟化硫（SF₆）断路器单元工程外观质量检查
3		六氟化硫（SF₆）断路器单元工程安装质量检查
4		六氟化硫（SF₆）断路器单元工程气体的管理及充注质量检查
5		六氟化硫（SF₆）断路器单元工程电气试验质量检查
6	真空断路器安装工程	真空断路器单元工程安装质量验收评定
7		真空断路器单元工程外观质量检查
8		真空断路器单元工程安装质量检查
9		真空断路器单元工程电气试验及操作试检质量检查
10	隔离开关安装工程	隔离开关单元工程安装质量验收评定
11		隔离开关单元工程外观质量检查
12		隔离开关单元工程安装质量检查
13		隔离开关单元工程电气试验及操作试验质量检查
14	负荷开关及高压熔断器安装工程	负荷开关及高压熔断器单元工程安装质量验收评定
15		负荷开关及高压熔断器单元工程外观质量检查
16		负荷开关及高压熔断器单元工程安装质量检查
17		负荷开关及高压熔断器单元工程电气试检及操作试验质量检查
18	互感器安装工程	互感器单元工程安装质量验收评定
19		互感器单元工程外观质量检查
20		互感器单元工程安装质量检查
21		互感器单元工程电气试验及操作试验质量检查

序号	工程名称	评定名称
22	电抗器与消弧线圈安装工程	电抗器与消弧线圈单元工程安装质量验收评定
23		电抗器与消弧线圈单元工程外观质量检查
24		电抗器单元工程安装质量检查
25		消弧线圈单元工程安装质量检查
26		电抗器单元工程电气试验及操作试验质量检查
27		消弧线圈单元工程电气试验及操作试验质量检查
28	避雷器安装工程	避雷器单元工程安装质量验收评定
29		避雷器单元工程外观质量检查
30		避雷器单元工程安装质量检查
31		避雷器单元工程电气试验质量检查
32	高压开关柜安装工程	高压开关柜单元工程安装质量验收评定
33		高压开关柜单元工程外观质量检查
34		高压开关柜单元工程安装质量检查
35		高压开关柜单元工程电气试验质量检查
36	厂用变压器安装工程	厂用变压器单元工程安装质量验收评定
37		厂用变压器单元工程外观及器身质量检查
38		厂用变压器(干式)单元工程安装质量检查
39		厂用变压器(油浸)单元工程安装质量检查
40		厂用变压器单元工程电气试验质量检查
41	低压配电盘及低压电器安装工程	低压配电盘及低压电器单元工程安装质量验收评定
42		低压配电盘及低压电器单元工程基础及本体安装质量检查
43		低压配电盘及低压电器单元工程配线及低压电器安装质量检查
44		低压配电盘及低压电器单元工程电气试验质量检查
45	电缆线路安装工程	电缆线路单元工程安装质量验收评定
46		电缆线路单元工程电缆支架安装质量检查
47		电缆线路单元工程电缆管加工及敷设质量检查
48		电缆线路单元工程控制电缆敷设质量检查

序号	工程名称	评定名称
49	电缆线路安装工程	电缆线路单元工程35kV以下电力电缆敷设质量检查
50		电缆线路单元工程电气试验质量检查
51	金属封闭母线装置安装工程	金属封闭母线装置单元工程安装质量验收评定
52		金属封闭母线装置单元工程外观及安装前质量检查
53		金属封闭母线装置单元工程安装质量检查
54		金属封闭母线装置单元工程电气试验质量检查
55	接地装置安装工程	接地装置单元工程安装质量验收评定
56		接地装置单元工程接地体安装质量检查
57		接地装置单元工程接地装置的敷设连接质量检查
58		接地装置单元工程接地装置的接地电阻抗测试质量检查
59	控制保护装置安装工程	控制保护装置单元工程安装质量验收评定
60		控制保护装置单元工程盘柜安装质量检查
61		控制保护装置单元工程盘柜电器安装质量检查
62		控制保护装置单元工程二次回路接线质量检查
63	计算机监控系统安装工程	计算机监控系统单元工程安装质量验收评定
64		计算机监控系统单元工程设备安装质量检查
65		计算机监控系统单元工程盘柜电气安装质量检查
66		计算机监控系统单元工程二次回路接线质量检查
67		计算机监控系统单元工程模拟动作试验及试运行质量检查
68	直流系统安装工程	直流系统单元工程安装质量验收评定
69		直流系统单元工程系统安装质量检查
70		直流系统单元工程系统试验及试运行质量检查
71	电气照明装置安装工程	电气照明装置单元工程安装质量验收评定
72		电气照明装置单元工程配管及敷设质量检查
73		电气照明装置单元工程配线质量检查
74		电气照明装置单元工程照明配电箱安装质量检查
75		电气照明装置单元工程灯器具安装质量检查

序号	工程名称	评定名称
76		通信系统单元工程安装质量验收评定
77		通信系统单元工程一次设备安装质量检查
78		通信系统单元工程防雷接地系统安装质量检查
79		通信系统单元工程微波天线及锁线安装质量检查
80		通信系统单元工程同步数字体系(SDH)传输设备安装质量检查
81	通信系统安装工程	通信系统单元工程载波机及微波设备安装质量检查
82		通信系统单元工程脉冲编码调制(PCM)设备安装质量检查
83		通信系统单元工程程控交换机安装质量检查
84		通信系统单元工程站内光纤复合架空地线电力光缆线路安装质量检查
85		通信系统单元工程全介质自承式光缆(ADSS)电力光缆线路安装质量检查
86		起重设备电气装置单元工程安装质量验收评定
87		起重设备电气装置单元工程外部电气设备安装质量检查
88	起重设备电气装置安装工程	起重设备电气装置单元工程配线安装质量检查
89		起重设备电气装置单元工程电气设备保护装置安装质量检查
90		起重设备电气装置单元工程变频调速装置安装质量检查
91		起重设备电气装置单元工程电气试验质量检查

四、升压变电电气设备安装工程单元工程质量等级评定

1. 适用范围

本部分根据《水利水电工程单元工程施工质量验收评定标准 升压变电电气设备安装工程》(SL 639—2013)编制。本标准适用于大中型水电站升压变电电气设备安装工程中。小型水电站同类设备安装工程的质量验收评定可参照执行。

评定表质量检验项目分为"主控项目"和"一般项目"两类。

2. 评定单元工程名称

升压变电电气设备安装工程单元工程质量等级评定名称见表 9-9。

表 9-9 单元工程施工质量验收评定名称

序号	工程名称	评定名称
1		主变压器单元工程安装质量验收评定
2		主变压器单元工程外观质量检查
3	主变压器安装工程	主变压器单元工程安装质量检查
4		主变压器单元工程注油及密封质量检查
5		主变压器单元工程电气试验质量检查
6		主变压器单元工程试运行质量检查
7		六氟化硫（SF_6）断路器单元工程安装质量验收评定
8	六氟化硫（SF_6）断路器安装工程	六氟化硫（SF_6）断路器单元工程外观质量检查
9		六氟化硫（SF_6）断路器单元工程安装质量检查
10		六氟化硫（SF_6）断路器单元工程气体的管理及充注质量检查
11		六氟化硫（SF_6）断路器单元工程电气试验质量检查
12		GIS单元工程安装质量验收评定
13	气体绝缘金属封闭开关设备（GIS）	GIS单元工程外观质量检查
14		GIS单元工程安装质量检查
15		GIS单元工程气体的管理及充注质量检查
16		GIS单元工程电气试验及操作试验质量检查
17		隔离开关单元工程安装质量验收评定
18	隔离开关安装工程	隔离开关单元工程外观质量检查
19		隔离开关单元工程安装质量检查
20		隔离开关单元工程电气试验及操作试验质量检查

序号	工程名称	评定名称
21	互感器安装工程	互感器单元工程安装质量验收评定
22		互感器单元工程外观质量检查
23		互感器单元工程安装质量检查
24		互感器单元工程电气试验及操作试验质量检查
25	金属氧化物避雷器安装工程	金属氧化物避雷器单元工程安装质量验收评定
26		金属氧化物避雷器单元工程外观质量检查
27		金属氧化物避雷器单元工程安装质量检查
28		金属氧化物避雷器单元工程中性点放电间隙安装质量检查
29		金属氧化物避雷器单元工程电气质量检查
30	软母线装置安装工程	软母线装置单元工程安装质量验收评定
31		软母线装置单元工程外观质量检查
32		软母线装置单元工程母线架质量检查
33		软母线装置单元工程电气试验质量检查
34	管形母线装置安装工程	软母线装置单元工程安装质量验收评定
35		管形母线装置单元工程外观质量检查
36		管形母线装置单元工程母线安装质量检查
37		管形母线装置单元工程电气试验质量检查
38	电力电缆安装工程	电力电缆单元工程安装质量验收评定
39		电力电缆单元工程电力电缆支架安装质量检查
40		电力电缆单元工程电力电缆敷设质量检查
41		电力电缆单元工程终端头和电缆接头制作质量检查
42		电力电缆单元工程电气试验质量检查

参 考 文 献

［1］王冰,杨德晔. 中国水力发电工程(机电卷)［M］. 北京:中国电力出版社,2000.
［2］刘锦江. 水利水电工程施工组织设计手册 3 施工技术［M］. 北京:水利电力出版社,1987.
［3］殷龙生. 二滩水电厂主机设备安装及调式技术［J］. 水电站机电技术,2003,2.

内容提要

本书是《水利水电工程施工实用手册》丛书之《机电设备安装》分册,以国家现行建设工程标准、规范、规程为依据,结合编者多年工程实践经验编纂而成。全书共 9 章,内容包括:水轮机及其辅助设备安装、发电机安装及附属设备安装、辅助设备安装、电气设备安装、桥式起重机安装、电气高压试验、水轮发电机组启动试运行、施工安全措施、机电工程质量控制检查与验收。

本书适合水利水电施工一线工程技术人员、操作人员使用。可作为水利水电机电设备安装工程施工作业人员的培训教材,亦可作为大专院校相关专业师生的参考资料。

《水利水电工程施工实用手册》